文

景

Horizon

社科新知　文艺新潮

走一路，吃一路

章小东 著

foodie's odyssey

ZHANG XIAODONG

上海人民出版社

目录

普鲁斯特的小蛋糕

儿子带回来一个精瘦的希腊女孩，应该说这种欧洲人是没有规矩到了放肆的地步的，但是在我刻意营造的气氛之下，再无法无天的女孩子也不得不老老实实起来。此刻，她正拘谨地坐在我对面的沙发上，尖鼻头小下巴，两只略微分得有点开的眼睛不知所措地看着我手边茶几上那套普鲁斯特大部头的《追忆似水年华》。这倒不是我故意放在那里的，而是很久以前，试图翻阅，没有想到读起来比乔伊斯的《尤利西斯》还要干涩，于是一气之下，弃之一边积灰了。

女孩子发现了我的注意，她笑了笑说：“我有一个神经兮兮的爷叔，一辈子什么事情也不做，就是翻来翻去翻这套著作，最后也没有翻出个名堂。”

我好像一下子变成了一只瘪了气的皮球，儿子在一边听了马上说："我现在明白了你们希腊为什么会如此败落，就是养了那么一群神经兮兮的爷叔。你不是因为考到了一个希腊第一，被保送到英国读书的吗？你有什么见解呢？"

到底是自己肚子里生出来的，关键的时候总归会站到老娘一边，皮球又充起气来了。女孩子说："对不起，我只记得一开始的那块蛋糕。"

这次轮到我笑了，没有想到这个希腊人会和我有共识。我就是被那块小蛋糕卡在喉咙里，不上不下地最终不得不放弃阅读这本书。怎么会有这么无聊的人啦?！吃一块玛德琳蛋糕竟然可以描写出四千多个字。翻来覆去，那里面的每一粒蛋糕屑都已经消化得无影无踪了，这个普鲁斯特还在津津有味地回忆着其中的味道。我是一个急性子，这种小蛋糕"啊呜"一口，最多两口就会吞咽到肚子里面，所以实在有点读不下去了。后来发现，多数号称读过这部《追忆似水年华》的人，最多读到第二、第三本就打住了，只是从来不肯承认自己的半途而废。我无所谓，我可以直接地告诉大家，我只读了其中的一小节，因此在我的记忆里，《追忆似水年华》留下来的只有那块“玛德琳蛋糕”。

朋友刘辉听到了我的故事，特别在纽约觅得一盒送过来，并且注明：“这是最正宗的玛德琳蛋糕，法国人餐桌上不可或缺的餐后甜点。”原来就是这个啊，上海的西点店里就有卖，只是因为甜到发齁，不敢领教。

精美的小盒子握在手中，立刻可以感觉到其中的昂贵。刘辉真是发疯了，跑到 Bouchon Bakery 去买点心，这样小小的六片小糕点，在那里起码要花费二三十美金。好在一向了解这个老朋友，平时购买衣物都是那么小心，从不挥霍，和我的不求名牌只求舒适很般配。但是只要面对美食，我们都不会吝啬，出手之大让人咋舌。

最常和我一起吃饭的丹丹曾经“骂”我：“你这个人啊，金山银山也要被你吃空！”

骂归骂，到时候还是一起吃饭，在最昂贵的餐馆，一边吃一边说：“值得，值得！”

这就是人和人的不同了，有的人追求的是名车、名表、名牌的服装，想起来也有道理，这些东西都是看得见、摸得到的，可以在朋友圈里炫耀的，能彰显自己身份的。吃算什么？特别是一块小蛋糕，最多一分钟就没有了，丢在水里音头也不会起，除了你自己，谁也不会知道其中的感觉。

对了，就是这句话，“除了你自己，谁也不会知道其中的感觉”，这就是味觉。味觉不同于听觉、视觉、嗅觉，是一种独自体验的感觉。现在我有点开窍了，据说普鲁斯特是在写到《追忆似水年华》的后面，才回过头来补上这块四千字的小蛋糕的，这就对了，普鲁斯特曾经明确表示，一开始他是采取了拒绝的态度的，但是当那块蛋糕在温柔的茶水里发生了变化，特别是他的嘴唇触碰到了浸透了热茶的蛋糕的时候，立刻，一个精致的快感侵略并超越了他的无限的味觉。他悟道了。

味觉让普鲁斯特悟道，这是他对生命、对爱情、对哲学等等的记忆性的悟道，这记忆性是一种人类不可控制的机能。普鲁斯特在这记忆性当中，听到了穿越时空的回声。因此普鲁斯特关于小蛋糕的味觉是非凡的，是我不可及的。而我——一个普通人的追求——最普通的味觉，这味觉是直接的平凡的。

我只是想把这平凡的味觉写下来：吃——实在是

一件多么美好的事情，让我们一起——走一路，吃一路吧。

2014年盛夏

写于上海老家

淮海中路新康花园3号的饭桌上

圣地亚哥菲尔的烤肉

两只脚刚刚踏进圣地亚哥的机场大厅，儿子已经心急火燎地等在大门口了。我来不及把费城带过来的Pretzel塞进他的嘴巴，他就直接把我和他爸爸塞进了他的小车，说:“快点，快点，我们去吃晚饭。”

我说:“太阳当头照，四点半还没有到，加上我们在飞机上吃过东西了，现在吃晚饭有点太早了。”

“不早，不早，再不赶过去，到了半夜也吃不到呢。”儿子说着，就一脚踩下了油门，小车“唰”一下蹿上了大马路。

“你这是带我们到哪里去啊？又不是救火，慢点好不好？”我说。

“我带你们去圣地亚哥最最有名的Phil’s BBQ店。”

儿子的话音未落，丈夫就在一边说："哎呀，你妈妈不喜欢吃 BBQ，你怎么忘记啦？还是到那家日本店去吃寿司，我请客。"

"好啊，明天去日本店，爸爸请客，今天我请客。"儿子大气地说。后来到了结账的时候，我才明白儿子的底气是从哪里冒出来的了。

很快小车就离开了繁华的市中心，转入商店稀少的地带。我看着路边凌乱的建筑和肮脏的街道，心里有些发毛，我说："儿子，你有没有开错路啊？这里的行人有些野呢！"

儿子回答："不要怕，前面有个体育场，看球赛的人当然不会像听音乐会的人那么高雅，你们帮我看看门牌号，Sports Arena 大街 3750 号，离圣地亚哥的市中心不远。"

我坐在后座上睁大眼睛搜索，还没有看出个名堂，就听到前座上的丈夫说："不用看了！一定是在那个购物中心里，你们看，这些汽车都是往那里去呢，不得了，排长队呢！快让你妈妈先下车排队，我们去停车。"

丈夫的话音未落，儿子在一条长龙的末端停稳了小车，我一脚踏出车门，三脚两步地抢先跑过去排队。哇，幸亏来得早，五点钟还差十分钟，已经有近百个吃客排在我的前面了。我似乎记不起来，上一次看见这么多人排队是什么时候了。

排在我前面的是一个近二十人的团队，这些人男女老少肤色各异，一开始我还以为是个旅游团，后来才知道是一家老小到这里来团聚，这就是美国人家庭的特点了，各种肤色都会聚集在一起。我弄不清楚他们是因为团聚还是因为 BBQ 变得如此亢奋，一个个兴高采烈地摩拳擦掌，好像准备充分了要大吃一顿。

很快我就融入他们，当他们知道我是第一次来这里吃 BBQ，立刻热情地把我围在中间，争先恐后地向我介绍这家远近驰名的 Phil's BBQ。在他们"嗤嗤"咂舌的嘴里，这家 BBQ 简直就是天上有地上无的绝顶美味。

正在这时，停好了车子的丈夫和儿子有说有笑地走了过来，还没有到跟前，丈夫就得意地大声说："还是我有先见之明吧，让你出来排队，不然的话，起码排到一百人的后面。"

我回头一看，真的，后面老早就又接起了一条长龙。

我责怪儿子，停车怎么停了这么长的时间，儿子委屈地回答："你不知道多难找停车位啊，都是来吃 BBQ 的，我绕来绕去，还是爸爸让我跟定了一对刚刚吃完出来的老夫妇，等到他们把车子开出了，才把车子停到了他们的空位上。"

我笑了笑说："这种门槛总归是你爸爸精。"儿子听了也只好无话，他想了想说："你们先排在这里，我到前面去看看。"

不一会儿，儿子回来了，手里拿着一叠五颜六色的纸头，他把其中的菜单塞在他爸爸的手里，自己便在一边读起一份介绍这家店历史的资料来了。不一会儿他说："你们知道吗，这个老板菲尔连高中也没有读完，十六岁就开始烤 BBQ 了。"

"十六岁的小孩子书也不读，烤 BBQ 可以烤出这么大的腔势，有点让人气不过吧。"我隔着窗户，看了看足足可以容纳三百多个座位的店堂间说。

"不要嫉妒好不好，能够在竞争当中取胜，很不容易。麦当劳的老板也是高中生，做到世界闻名。这说明，成功不一定从读书中来的，行行可以出状元。对了，你们看，这个菲尔创造了一种非常独特的烧烤酱，没有人可以超过他的呢。”丈夫把头凑过来说，看上去他已经研究好菜单了。到了太阳差不多西斜的时候，总算看到旁边的墙壁上挂了一块牌子，有这么一行字：“从这个点开始还需要等待二十分钟十四秒”。

“有希望了。”我说。刚刚还以为“吃晚饭太早”的我，经过了一路的排队，加上不断被BBQ的香气诱惑，只感觉到饥肠辘辘，喉咙里也要伸出手来了呢。好在前面的一大家子，一进去就让队伍缩短一大截，我们终于进到了店堂里。

丈夫和儿子一起去点菜，我则找了一个空位坐下来。这里没有服务员到桌子上写单子的，而是由吃客先在前台买单，然后按照号码前往领取。不一会儿父子俩端来了满满当当四大盘食物，还没有走到跟前，就已经香味扑鼻了。

“啊哟！这是什么东西啊，通体金黄？”我大叫起来。

“是你最喜欢的洋葱圈啊！专门为你买了个大盘的。”儿子说。我有些不能置信，这洋葱圈怎么这样粗壮肥大？一个个就好像是和田玉手镯。抓起一个放在白色的酱汁里蘸一下，塞进嘴里一口咬下去，哇，呱啦松脆，碰碰香！一个吃下去了又抓起了一个，一连吃了好几个才定下神来仔细观看，也看不出个名堂。还是儿子告诉我，这里洋葱圈和其他店不一样，是用奶油包裹了甜美的洋葱，然后放在黄油里炸出来的。“哇哇哇！”我一连串地大叫。

“不要叫了，快吃肉，好吃，好吃。”这时候，一直埋头啃牛肋骨的丈夫抬起头来说。我朝着盘子里的肉骨头看了一眼，又“哇”一声叫了出来，这牛肋骨足有半尺多长，圆肥润滑，外面还包裹着厚厚一层酱汁，通红油亮。我两手拎起一条，沉甸甸的，张开嘴巴狠狠一口，哦哟，不得了，我被醇厚的肉香、酱香塞满了，上面松脆，下面酥软，一点也不干涩，一大口咬下去，一直咬到骨头，仍旧充满了浓郁的酱汁味，那里面酸甜咸香渗透到每一个角落，一根吃下去，绝对吃饱。

抬起头来看了看对面的丈夫和儿子，只看到这对父子满头满脸都是酱汁，他们已经啃光了牛肋骨、烤鸡，又在分享一只烧烤汉堡。儿子说这汉堡是网上专门推荐的，要我也尝一尝，而我则看着隔壁桌子上一对小夫妇在啃的一条肋排骨。肋排骨有一尺多长，实在有些眼红。丈夫说："我们还没有尝过那块小猪排，再去买一份。"

儿子刚刚站起来，旁边收拾桌子的服务员听见了笑道："那是我最喜欢的了，我来帮你们下单，你们不会失望的。"说着，他就跑到前台去了。这原本不是他的工作，大概是看到我们这三个东方吃客胃口这么好，也兴奋起来了。很快，他就端来了和隔壁桌子上一模一样的一条小猪排。这小猪排鲜嫩多汁，让我们忘记了刚刚饱餐了的洋葱圈、牛肋骨、烤鸡和烤汉堡。等到我们把桌上的食物统统塞到肚子里，才发现已经到了撑肠拄腹的地步。

用桌子上大卷的擦手纸，擦干净嘴巴和双手，好不容易站起身来，三个人相互搀扶着一步一步挨到车子里，一屁股坐进去，只有出气没有进气的份了，儿子问："过瘾吧？"

丈夫说："太过了，我起码有很长一段时间都不想吃肉了。"

我说："我已经有很长一段时间不想吃肉了，没有想到今天吃了这么多。儿子啊，你是不是出血了，花了大钱了？”

儿子回答：“主食加饮料不到60美金，我们每个人都吃掉了双份。很合算，我相信这顿肉会留在我们的记忆里很久很久。”

2013年8月

写于美国圣地亚哥太平洋花园公寓

又是烤肉

丈夫吃完了圣地亚哥菲尔的烤肉以后说:“起码有很长一段时间都不想吃肉了。”不料刚刚过了几天，儿子一边察看网页上的烤肉大全，一边大叫起来:“你们晓得吗，菲尔的烤肉现在已经轮不上是这里的第一了，第一名是柠檬区酷伯的烤肉！”

丈夫说:“还要吃烤肉啊？哪怕是全世界的第一，我也吃不下了呢！”

一时间，儿子的脸上涂满了厚厚的失望。我在一边见状立刻说:“妈妈最不喜欢煞风景了，你爸爸不去，我们去！”

讲心里话，我是有点不相信的，可以把烤肉做到如此酥软入味，大概非菲尔莫属。人家是十六岁就开始做酱、烤肉了，虽然没有读过书，但是站在烤炉旁边几十年，就是熏也熏出一个大师傅来了。

到了周末，儿子站在停车场等我们，结果起先反对的丈夫，动作比谁都快，率先坐进了小车。于是一家三口又兴致勃勃地上路了。因为这是第一次去柠檬区，父子俩预先做好了功课，在GPS导航上设定好目的地，一路顺风，小车直奔酷伯的烤肉：Cooper's West Texa's BBQ，Lemon Grove大道2625号。

不料这条路出了闹市就不好走了，导航不断发出“又疼！又疼！”（U-turn）的呼叫。于是小车在马路当中一次次地掉头又掉头，原本以为依仗着这个小机器可以高枕无忧，但最后还是把我吓出一身汗。终于到达了柠檬区，“这里怎么都是黑人兄弟啦？”我大叫。

“不要叫！不要忘记你刚刚到美国的时候，还是黑人兄弟帮助你的呢。”丈夫在前座上说。我只好闭上了嘴巴。两只眼睛盯紧了周边的景象，两旁的建筑物越来越低矮，几乎没有一幢高楼大厦，有点穷乡僻壤的腔势。光秃秃的马路旁边连行道树也没有，大太阳直直照射在水泥板上，我开始泄气。

好不容易对面的路边出现一幢尖顶的建筑："这是教堂啊？"我好像看见了救星一样。然而小车不容停顿，"唰"一声，教堂就被甩到了背后，导航又一次呼叫："又疼！又疼！"

终于看到了可以U-turn的路口，我们掉头回到教堂大门口。儿子把小车停稳在教堂的停车场上，还没有来得及走出去问路，旁边停过来一辆老式雪佛兰。车厢里钻出一大家子的黑人兄弟，看见我们东张西望的样子，就知道我们是迷路了。当他们刚刚听到儿子说出"Cooper"这个单词的时候，所有的人都把手指向了隔壁一排平房当中的第一间说："就是那家！"热情的程度就好像酷伯的烤肉是他们自己开的一样。

我钻出车子，用手搭了个凉棚说："就是那家啊？"我失望到了绝望。不说没有菲尔的气派，门面也有点太简陋了吧，怎么连一个排队的顾客也没有呢？旁边的指路者一下子察觉到了我的情绪变化，他们争先恐后地分辩："喂，不要看他们外表不起眼，但是里面的烤肉绝对是顶级的。""不要看现在没有人，这是因为大家都在教堂里做礼拜呢！""你星期四来看看，那才叫人气兴旺！"

后来我才知道，每逢星期四，酷伯的每一份烤肉还会降价2美元。这里的烤肉本来就不贵，还要降价？想起中国人的一句老话：便宜没好货。踏进店堂更加扫兴，这里最多不过十张桌子，还有好几个是空的。和在菲尔一样，仍旧是我先入座，占领了一个靠窗的座位，儿子和丈夫商量着购买烤肉。

趁着这个空当，我开始打量寥寥无几的顾客，蛮奇怪的，明明旁边还有空位，为什么后面的五个人偏偏挤在四个人的火车座上？前面是一对不年轻的日本夫妇，怎么一点也没有那个民族矜持的风度？竟然大快朵颐地在对付高高一堆肉骨头，吃得消吗？

正在这个当儿丈夫过来了，我问他："洋葱圈买了吗？不知道有没有菲尔的精彩？"

"妈妈还在想洋葱圈啊？不太健康呢，偶尔吃一次还可以，太油了。我们买了煮黄豆。"儿子捧着一大堆的餐巾纸和塑料刀叉过来说。

我立刻说："墨西哥人的煮黄豆吗？最难吃了，甜不甜咸不咸的，我不喜欢。"

丈夫连忙扯开了话题："嗐，这里只有塑料刀叉吗？

这么纤细的东西怎么可以搞定烤肉啊？”正说着，前台有人在叫我们的餐号，儿子转身走过去，立马眉开眼笑地捧回来一个长方形的塑料托盘，当中只有一个正方形的打包盒，打包盒是敞开着的，里面高高堆满了各种食品，简直就要溢出来了。旁边还有三只高高的空杯子，是让我们自行去倒甜茶的，茶桶就在背后，但是我来不及去倒茶，已经被眼前的烤肉完全诱惑了。

刚刚还在怀疑这么纤细的塑料刀叉怎么可以搞定烤肉的丈夫，此刻正自如地把小刀插进了肉骨头里，他说："哦哟，骨头也酥掉了。"我不知道他讲的是肉骨头还是他自己，立刻迫不及待地直接用手抓起了一根肉骨头，大口地咬下去……

不得了！我惊喜到了目瞪口呆的地步。这里的肉骨头看上去并没有菲尔的那么张扬，但肉质的精细和鲜美简直到了夸张的地步，举起剩余的骨头，放到眼前观看，奇怪了，没有一点肥肉。跑堂的见状便笑着对我说："我们把肉骨头外面的筋膜统统撕掉了，老板讲那是不健康的。"

"老板？开餐馆的老板会花费这么多的工夫，去撕肉骨头外面的筋膜？他不要赚钱啦？"我问。

跑堂的有些不能置信地反问:“你不知道我们的老板是谁么?我们的老板不是普通人,他是从护士大学毕业的呢!”我一听肃然起敬。美国许多专业护士必须经过四年的大学本科教育,然后再读两到三年的护士大学,除了专业知识以外,心理学、社会学等学科都是必修的,我认为相当于硕士。有朋友的美国丈夫,就因为读不下来,半途而废了。这个黑人老板可以从护士大学毕业,收入不会匮乏,因为这就好像是半个医生。

“放着半个医生的职业不要,来烤肉做什么?”我有点想不通了。

“谁说他放着半个医生的职业不要,他是全职的护士,又是我们全职的老板。”跑堂的自豪地说。这时候我发现墙上有张老板的照片和介绍这个酷伯的资料,难怪他对健康如此注重,原来他是这方面的专家。正看着,儿子催促说:“快吃这块肉,好吃,好吃得一塌糊涂。”

我一吃,哇哈,我是上了天堂了!如果说菲尔是以酱汁取胜的话,那么酷伯就是胜在肉本身,硕大的牛腩被切成细致的一条条,其中优质的纹路清晰可见,那里面是湿润加鲜香,可以细嚼慢咽好好享用,还有香肠和烤鸡，每一片都充满了非常复杂的味道。我真的无法形容，只有一片接着一片放进嘴巴里，整个人也要融化在当中了。

“你们有没有发现，这个肉的中间有条线路，两边的肉质有不同的颜色？”丈夫说。

“那是他们在同一块肉上实施了不同的熏烤方式……”儿子说。

“什么，这是熏烤出来的吗？难怪这么香，我最喜欢了。”我说。

“最喜欢了还吃不出来，这是他们运用了特别的技术，既没有过分的烟熏味，又达到了熏香的效果。咦，你妈妈不是讲她不喜欢黄豆的吗？怎么不声不响吃了一大半？”丈夫说。

我一边又塞了一勺豆子在嘴巴里，一边说：“不一样的，好吃至极。”

儿子说：“当然是不一样的，人家是用你最喜欢的菠萝炖出来的，大本钱了。”

我吓一跳，问儿子：“你今天出血了吗？”

“猜一猜？告诉你吧，比菲尔便宜多了！”

“哦哟，这个酷伯不赚钱啊？他们靠什么生存？靠什么竞争？”

那个跑堂的正帮着后面那个五口之家抱小孩，听到我的话立刻自然地从嘴巴里吐出了两个字：“靠‘爱’。”

我一下子被这两个字震慑了，看了看周围的吃客们都转过头来朝着我们微笑。那对日本夫妇正扣上打包盒，那是剩余的食品；玻璃后面的厨房里，几个黑人兄弟正忙碌着把一排排烤肉送进烤箱；大门外面，刚刚做完礼拜的教友们陆陆续续地走过来。大家的笑容里都包含了一个字，那就是“爱”。

丈夫说：“下个星期我们再来，不仅仅是为了这里超美味的烤肉，还要为了这里的‘爱’。”

2013 年 8 月

写于美国圣地亚哥太平洋花园公寓

圣地亚哥 Ota 寿司店

从上海回美国的时候，要在日本转机，闭上眼睛，正在蒙眬入睡，就感觉到隔壁的座位上坐过来两个日本人。他们忙乱得一塌糊涂，坐下来又站起来，翻箱倒柜地找东西，总算找到了，是电话本，然后就“木兮，木兮”地开始叫话。好像是长途，我以为是联系接机的事宜，但在一大堆的日文当中却不断地冒出“Sushi，Sushi”，我就在这声音当中睡着了。

醒来的时候发现那是两个中年男子，用英文搭讪起来才知道，他们是到圣地亚哥出差的，和我同路。问及刚刚的“Sushi”，他们有些不好意思地笑了，原来是打长途电话订位，一下飞机就可以去那家日本店吃寿司。我有点想不通，日本人也太保守了吧，好像全世界只有寿司才可以吃，出差几天也不放弃，还要打越洋长途预订。

看到我不屑一顾的样子，这两个日本大男人急起来了，他们争先恐后地告诉我："你不知道这家寿司店多么优秀，我们日本人只要有机会到圣地亚哥，是一定要到这家店去享受的。""假如不早两天订位，根本没有办法坐进去！""我们宁可放弃商务舱的待遇，省下来的钱去吃寿司。"

日本人放弃商务舱的待遇，打越洋长途电话预订，想必这是一家值得光顾的寿司店了。"一定的，一定的！"也不知道这两个日本人是怎么会听到我心里话的，他们一起向我竖起了大拇指，并在我的记事本上写下了：Sushi Ota，4529 Mission Bay Dr. San Diego，还特别写下了电话号码：8582705670。

到了圣地亚哥，看见丈夫和儿子站在机场大厅的接机口，立刻忘记了旅途的疲劳，第一件事就是把记事本举到他们的眼前。儿子说："我刚刚到这里一个星期，就有日本同事向我介绍这家寿司店了，只是价格昂贵，不敢光顾。"

丈夫在旁边连忙说："没有关系，爸爸请客。日本来的日本人都这么起劲，我们怎么可以错过呢？”

有了爸爸撑腰，儿子立刻拎起电话，不料第二天是星期五，全部客满，星期六客满，星期天总算可以，但是要到晚上的10点半以后。“发疯啦！是吃晚饭还是夜宵啊?！”

丈夫在旁边催促：“快点，快点，再往下找时间。”

结果星期一休息，星期二有了，不过是开门第一批，5点半用餐。“当然可以！”我们三个人异口同声大叫起来。如此抢手的寿司，就是让我们四点半站在门口排队也是心甘情愿的呢。

抓耳挠腮地好不容易等到了星期二，时钟刚刚跳过5点，就上路了。事实上，这家寿司店离儿子的公寓并不远，但是正值下班时间，有点堵车。儿子开车的时候明显心急火燎，因为订位的时候，寿司店的前台明确告知：“5点半用餐，6点半走人，不容拖拉。”

如此强硬的口气，更加强了诱惑。还好，紧赶慢赶总算提前7分钟赶到了。导航在发出“到达”这两个字的时候，我还有些不能相信：小小的一个露天购物中心，一眼看出去，哪里有寿司店？只是角落里有几个儒雅的日本人，走过去一看，果然是“Sushi Ota”！

看看手表，还差5分钟，但是大门紧闭，一点也没有通融的余地。隔着巨大的玻璃窗户，我看到右手边有一长条寿司吧。我说："等一歇我们就要那个位置，可以一边吃一边看。"

"做梦啊？那是要两三个月之前就预订的。"儿子说。

我吃瘪，退到后面，木呆呆地盯着玻璃门，那里面有一个上了年纪的服务员正坐在餐桌后面忙碌。她竟用一方小毛巾蘸着消毒水在擦洗着一摞菜单。她擦得很认真，擦了正面又擦反面，难怪他们的菜单永远是干干净净的，从来也没有其他餐馆的油腻。看着她擦好了菜单，又擦干净了桌面和座椅，我有些感动了。

正在这时候，5点半，一分不多，一分不少，大门启开了。一排女服务员站在前台旁边，微笑着向大家鞠躬，很快就把我们一一带到了预订的座位上。我翻了翻菜单，看不出所以然，丈夫说："我已经在网上查过啦，就点他们的'厨师选择'，相信他们的顶级大厨，不会错的。"

"爸爸要出血啦，80—120美金一个人呢，还不包括饮料和老酒！"儿子说。

"没有关系，好不容易订到位，当然要吃最好的。"

丈夫说着就打开了酒水单。

“这么贵啊？让我看看有什么花头。”我说着就问领班要一份菜单。

领班说：“‘厨师选择’是没有菜单的，每天都是用当天最好、最新鲜的食材设计的，一共分七道菜，其中有一道还会分成两个部分，这是非常好的享受，你们不会失望的。”

领班说着趁机推荐最昂贵的清酒，并亲自为我们斟上了日本绿茶，丈夫照单全收。正在这时候，第一道菜上来了。“这是生菜啊？怎么都这么小的啦？红萝卜好像黄豆一样。”我说。

“不要把叶子吐掉，这是 Chino 农场的有机产品！”儿子说。

“Chino 农场的呀？难怪味道十足。”丈夫一边津津有味地细嚼慢咽一边说。早在东部的时候就听说过这家有机农场了，许多有名的高档饭店都喜欢标榜自己采用了 Chino 的蔬菜，事实上常常不过是夹带着几片菜叶而已。不过几片菜叶也是不得了的事情，真的会增加出许多味道。

儿子推崇 Chino 农场是因为那个老板和他是同行，伯克利大学生物系毕业以后，回到家里主持农场，不知道用了什么方法，他的蔬菜其貌不扬却味道非凡，只是产品极少，每日都供不应求。这次可以在 Ota 寿司店品尝到这么多不同品种的蔬菜，简直是三生有幸了。

生菜盘子里除了红萝卜以外还有黄颜色的胡萝卜、几条绿菜芽和一块不知道怎样烹调出来的豆腐，胡萝卜只有小手指粗细的半根，味道有些像人参，却没有人参的苦涩，微甜，清香。那块豆腐比小学生的橡皮还小，想不到放在嘴里外脆内糯，加上奇异的调料，满口充满了柔韧的鲜味。当我把最后一条细细的绿菜芽放进嘴巴里的时候说:“太有味道了，就是少了点，不要吃不饱啊？”

话音未落，第二道菜上来了:“生鱼片！”儿子开心地说。只看见一块厚实的木头案板上雪白的纤细的萝卜丝堆成一座小山，小山的当中竖着三只红色的甜虾头，旁边的海胆壳里盛着橘黄的海胆，周边的生鱼片新鲜到了透亮的地步，剥了壳的虾肉霸气地占据在其中。

海胆总是我的首选，用姜片涂上几滴酱油整片地放入口中，啊哟！简直要昏眩了。我自己就是一个可以活杀海胆的人，专门到海鲜市场买一只动来动去的海胆，劈开取肉，常常放在嘴里还在活动，也没有这里的鲜美。“那是不一样的品种。”丈夫说。接着又说了一句：“吃虾，这虾很特别。”

我眯缝起眼睛，把虾举到亮处，几乎是透明体，一口咬下去，鲜嫩润滑，很久很久还有丝丝的甜味弥漫口中。当中的虾头可以另外加工：煎炸、焙烤或者煮汤，我以为煎炸最好，其中的虾酱和虾黄都不会流失，那是比蟹黄还要美味的享受。至于生鱼片，更是入嘴便化，我都来不及看清楚品种，就一片片放到嘴巴里，不断地赞美。

接下去有烧烤、天妇罗、寿司、汤罐和甜食，每一样都是不同的体验。烧烤的有鱿鱼串和章鱼以及蔬菜，天妇罗分成两个部分，一种是深炸，一种是浅炸，鲜虾是一粒粒的，咬一口既不油腻又不干巴，满口的清香和清甜，想起来上海小弄堂里的一句话：“打耳光也不肯放。”

特别让我惊喜的还是寿司，米饭粒粒饱满富有弹性，那上面是不一样的海鲜，鲔鱼肚当然是最难得的，清晰可见的脂肪，分布在嫩色的鱼片当中。不用蘸任何酱料，直接放进嘴巴里，那是连自己也要融化的感觉。再夹起一片鲑鱼，长长的一条，比米饭长出一倍，完全是超越的体验。

就在我们为寿司赞叹不已的时候，领班带着两位服务员为我们送上了三只盖碗，打开一看：是松茸（Matsutake）汤，这种世界上最名贵的最稀有的野生食用菌是从日本空运过来的，一年只有一次，今天我们真是额头碰到了天花板，有福了——神仙般的享受了。

吃完了最后一道从 Chino 农场运过来的水果以后，刚好吃饱。三个人连同小费共计花费近 400 美金。账单上看起来有些贵，但丈夫说："吃到肚子里，又是极其美味——很值。"

2013 年 11 月

写于美国圣地亚哥太平洋花园公寓

日本寿司的精髓

站在远离圣地亚哥市中心的一家日本餐馆门口，儿子再三关照："要想进这家白浜寿司店，一定要先鞠躬行礼，然后规规矩矩坐好，不要乱说乱动。不然的话，会被白浜师傅赶出去的。"

"不要吓我，哪里会有开店的老板要把顾客赶出去的？"话没讲完，隔着店堂的玻璃拉门，只看见一个威严的日本老头站立在寿司吧台的后面，那副腔势，只差佩带一把大刀，就是一个凶狠的武士了。一时间只好把没有讲完的话收回到肚子里，缩手缩脚地跟在儿子的后面——鞠躬行礼，然后坐到吧台的角落里。

小心翼翼地环顾四周，发现这家寿司店简单到了简陋。局促的店堂间，一眼可以看到棉布暖帘后面的厨房。

厨房里有一个矮小的女人在水池旁边清洗器具，她弯腰弓背，整个人都好像要钻到一只木桶里去了。店堂的正当中是一条木质的寿司吧台，后面只有十一张高凳，高凳后面靠墙的地方，还有三只小方桌，那上面摆着“已预订”的牌子。

坐在吧台另外一头的是一对老美夫妇，他们正毕恭毕敬地从白浜师傅手中接过两片红白相间的肥鲔鱼寿司，一边用日语说：“谢谢，谢谢。”

寿司做到美国人也会点头哈腰，倒是少见。吧台当中有三个圣地亚哥大学的音乐系学生，看样子是由其中一位日本学生带过来的。旁边还有一对韩国情侣，那个女孩子一面孔的白粉，五官都好像画上去的一样。这时候又走进两位亚洲人，一坐上来就用日本话说：“先来一份加州卷……”

不料站在寿司吧台后面的白浜师傅突然不开心起来，他竖起了眉毛大叫一声：“什么东西，出去，给我滚出去！”

旁边的韩国女孩子一吓，把面前的酱油和芥末也打翻了，男孩子立刻放下筷子站起来对白浜师傅说：“可不可以再给我们加一点酱油？”

白浜师傅两只眼睛盯牢了对着他竖放着的筷子，更加瞋目切齿：“你这是要我死吗？没有，滚出去！”

就在这个当儿，一个倒霉的黑人踏进店堂，他的另一只脚还没有放稳在门槛里，白浜师傅已经控制不住地发起了大脾气：“出去！滚出去！我这里客满啦！打烊啦！关门啦！”

奇怪了，午饭的时间，客人不多，怎么会“已客满”？“这个白浜师傅有毛病啊？怎么一点人情也不讲？老板骂顾客？生意也不要做啦？”惊吓之余偷偷揣测。而周边的食客们一个个都瑟瑟缩缩地草草收场，沿着墙根溜了出去，只留下那对老美夫妇和我们了。

这时候，老白浜好像松了一口气，他看了看空落落的吧台，满意地从台板底下摸出一条掐头去尾不到一指长的小鱼，专心致志地用一把小钳子，把其中细小的鱼刺一根根地拔出来，开始制作Shinko寿司。我知道在许多寿司店都吃不到这种鱼，不仅因为这鱼的尺寸特别小，只有在繁殖季节才能捕捉得到，还因为制作的工序太繁琐，弄不好遗留了一根鱼刺，刺到食客的喉咙，那是不得了的事情。

白浜师傅一边操作一边开始说话，他说：“不是我太凶，而是有些人太不尊重寿司，什么叫加州卷？传统的日本寿司当中根本没有这道寿司卷，还有筷子笔直地冲着我，这是对我最大的不尊重。我是不会为这种不懂寿司，不懂规矩的人做寿司的。”

以前只听说过一些优秀的寿司老师傅很厉害，有时候因为一句话一个举动不对，就会被他们赶出店堂，他们视寿司为圣物，一点一滴都不能玷污，这次算是亲眼领教了。不过还好，接下来白浜师傅开始平静，他说：“我很忙，假如这里都坐满了人，我就没有办法和大家交谈了。我把寿司放到顾客的面前，因为好吃，顾客高兴，顾客高兴了我也高兴，我们就会交谈，变成朋友。这就是我的人生，我的追求。所以只要店里有一半客人对我来讲就是客满了。现在很好，四个客人，一会儿还可以来两个，安静清爽。”

这下我明白了后面三张小方桌上摆着“已预订”三个字的意思了，只是还不明白的是：“难道你是不要赚钱的吗？”

白浜师傅好像听到了我心里的疑问，便说：“开店做老板就是要赚钱的，但在赚钱的前面还有两个字，那就是‘尊重’，尊重寿司也是尊重自己。”说着他就用两只手为我儿子端过来刚刚拔光小刺的亮晶晶的Shinko。他对我说：“孔太太，这片Shinko是我专门为你的儿子孔桑准备的。日本人相信，吃到这种鱼就是幸运，一年只有两次机会。每次我得到这种鱼，就会打电话叫他过来，年轻人，事业正在向上，需要神的保佑。”

听到他讲这些话，我感动得眼泪都要流出来了，作为一个独生儿子的母亲，看到远离自己的儿子，会受到别人的关怀，这是最令我感激不尽的了。于是，我立即起身，对着白浜师傅真心诚意地鞠躬行礼。

这时候白浜师傅又端出两片螃蟹腿寿司，啊哟，这螃蟹腿怎么不一样的啦，一口咬进去既结实又有弹性。白浜师傅笑道：“这不是美国人喜欢的阿拉斯加帝王蟹，而是日本雪螃蟹，日本雪螃蟹才是真正的螃蟹，味道丰富。阿拉斯加帝王蟹根本不是螃蟹，只有六条腿，是虫！一点螃蟹的味道也没有的。”

听到这里，想起来以前吃过巨多的阿拉斯加帝王蟹，真有些哭笑不得。还好正当时白浜师傅端上来一片黄尾鱼寿司，这片鱼通体透亮。下面的米饭粒粒饱满甜润，白浜师傅教我不要添加任何调味料，直接放入口中，整个人都融入到极其深奥的美味当中。

白浜师傅看到我喜欢，立刻起劲起来，他又让我尝了蓝鳍金枪鱼等等，特别值得一提的是他的厚蛋烧（Tamago），卷起竟然不断，可见咬进去的感觉了。至于端到儿子面前的则是皇帝三文鱼子，这鱼子在其他地方没有看见过，好像包裹着一层薄薄的衣，白浜师傅说："孔桑的最爱，特别提前一天腌制。"

接着白浜师傅又告诉我说："鱼子好坏相差很大，一般的是鲱鱼子，有些高级一点的日本超市就可以买到，然后是三文鱼子，再高一档的就是皇帝三文鱼子，再高级的我这里也没有了，是一种螃蟹子，孔桑要吃的话，只好到日本去找了。"

早就知道日本人对寿司的要求很高，特别是一些年长的日本人。听说在日本东京银座有一家高级寿司店"数寄屋桥次郎"，那里人均花费300美元以上，还得三个月前就要预约，甚至还会预约不到。那个老板都有九十多岁了吧，在纪录片里看得出他是一个非常严肃的日本人，好像笑也不会笑的，但是制作出来的寿司非常讲究。连奥巴马也到他的店堂去过，还说：“这是我有生以来吃到的最美味的寿司。”

虽然还没有机会去日本，但可以在美国的圣地亚哥吃到白浜师傅的寿司也是非常幸运的了，因为白浜师傅也有同样的风格，视寿司为他神圣的事业。在他寿司台上的每一片海鲜，都是他自己清晨到海湾旁边的鱼市去挑选来的。他不会因为价格而降低他的品质，宁可回答顾客“没有”，也不会把不够他的标准的食材放在他的寿司吧台上。问及他怎样选购到最新鲜最优质的海鲜时，他敲了敲自己的胸口说：“靠心。”

我无语，这时候他的太太走出来说，他们的大米都是一定要从日本运过来的，不能太新也不能太老，每一粒米都由白浜师傅亲手淘洗，白浜师傅很认真地说：“这是因为我对食材的尊重。”

讲到“尊重”，儿子特别提醒我注意白浜师傅的两只手，这个男人怎么会有这么精细的两只手？他不抽烟，不用香皂，不涂护肤用品，甚至不用卫生手套，为了不让他的寿司沾染上异味，于是不断地到水龙头底下冲洗他的两只手。

我看到他的两只手已经洗到了泛白的地步，他说他的寿司的真谛完全要靠这两只手才可以体现出来。不同的米饭、不同的食材，都是通过这两只手上的手劲和手法，有松有紧、有多有少，其中微妙的平衡，造就了食物本身美妙的滋味，让人回味无穷。就好像艺术家对艺术作品的执着追求，令我们赞叹。

这天离开白浜师傅的时候，我有一种说不出的感觉，好像感觉到了寿司的精髓，那就是“尊重”。无论是对人对物，哪怕是一片小小的寿司，都应该怀有尊重的心，如果我们每一个人都这样，生活就会变得平和许多，这不正是我们老祖宗的训导吗？

2014年元月

写于美国加州圣地亚哥海边

马萨诸塞州的咖啡和摄影

下雨了，瓢泼大雨，雨刷已经开到最大挡也看不清前路。儿子只好就近把小车拐进高速公路的出口处，停稳在一条陌生的马路旁边，这是2014年夏末发生的故事。

那时候我们正在美国东部，马萨诸塞州西部的坦格伍德附近度假。长期以来我已经无所谓在哪里度假了，只要是一家三口可以聚在一起对我来说就是满足，就是休闲，就是我的幸福。这次来到美丽的伯克希尔山脉之下，是因为无意中在网上发现我们的 Timeshare（分时轮流租用的度假别墅）在那里有个空位。这大概是因为坦格伍德音乐节已经闭幕，热闹的场地一下子被抛弃，变得萧条，于是我们立刻乘虚而入，从东西两岸赶过来了。

到了近处才发现，这里不仅有着优美的自然风光，而且幽静迷人，刚刚参加了音乐节又匆匆离去的音乐家们，好像把他们音乐的灵魂遗留在这里了。我们三个人坐在一片无人的草地的尽头，想象不出在当今这个繁华的世界，怎么还会有这么一片净土。远远地仿佛飘过来一曲充满古典韵味的舞曲《我们跳舞吧》，我想我们三个人都陶醉了。不知道过了多久，天色昏暗，我们起身离开，不料却撞入了那场暴雨当中，我们迷路了。

我们迷路了，迷失在一个不知名的小镇里，周边的住房就像童话世界一般，朦朦胧胧地被烟雨笼罩着，关键时刻，GPS 出了故障。再一看，前台上油箱告急的指示灯也亮了起来，真是祸不单行。我说："怎么一下子变得这么冷？"

儿子说："旁边好像有家咖啡店，先进去喝杯热咖啡。"话音未落，我们三个人已经推开车门，抱着脑袋，"噌噌噌"争先恐后地蹿了出去。先是踏进了人行道旁边的一个小花园，小花园里长满了花花草草，当中有条石板铺的小径，我们谁也没有注意看门前有没有招牌，就直接推门进去了。

"啊哟，对不起，我们好像走错门了，这里是私人住宅啊？”丈夫率先表示歉意。

门背后钻出来一个壮实的中年美国男人，颈上挂着一架佳能照相机，看到我们连声说：“没有没有，这里是咖啡店，‘咖啡和摄影’，欢迎，欢迎。”

“咖啡和摄影？”我有点摸不着头脑，这两件事好像相差十万八千里，一点也不搭，似乎找不到主题。再一看我们踏进的是一间普通人家的客厅，而且是没有收拾过的凌乱的客厅，沙发上和茶几上铺满了乱七八糟的摄影广告，当老板的——现在我知道这个壮实的中年男人就是老板了，他一看到我们这三个不速之客，立刻把广告胡乱地卷到一边，给我们让座。我说：“小心，不要把你的东西弄坏了呢。”

他说：“没有关系，本来就是坏的了。”说着，就到旁边开放式的厨房里开始摆弄咖啡。

房间里暖融融的，有一种温馨的感觉，我轻轻走到沙发旁边，刚刚坐下去又立马跳将起来，老板看见我的举动，不好意思地说：“这里来往的客人太多，一张沙发没有过多久就会塌陷，坏掉。已经订购了新沙发，只是因为下雨还没有运到。”

“不是不是，不是因为沙发，而是我面前这幅名为‘Xkeken cenote’的天然水井照片！”我不会忘记这是2010年发表在美国《国家地理》杂志上的一幅照片，由摄影师约翰·斯坦梅耶拍摄的。

记得当时，在打开那本新寄到的杂志的一刹那，第一眼就被这张照片的惊艳震呆了。我好像真的看到了墨西哥玛雅人所说的地下世界的入口，我以为世界就是应该这个样子！清幽的天光滑过深奥的树林，点亮了宁静的湖面，反射出了一个人的生命。这种安逸和恬静不正是我心里的净土吗？此时此刻，当我面对这幅原版照片，我感觉到整个人，从头到脚，都好像被它擒拿住了。

这幅原版为什么会悬挂在这里？我转过身，两只眼睛紧紧盯牢那个身穿T恤，满脸大胡子的咖啡店老板，难道他就是约翰·斯坦梅耶？是的，他就是曾经赢得美国国家杂志奖的新闻摄影师约翰·斯坦梅耶。

约翰·斯坦梅耶长期在非洲、欧洲、印度等地开展他的摄影活动，他的照片因为反映了人类的苦难而为人所称道。因为“天然的水井”我关注过他以“水”为主题的摄影，那里面是跨越国家、民族，全世界的对水的渴望。为了拍摄，他曾经在非洲十天十夜没有洗澡。后来还自我调侃：“人，在最初，就是不洗澡的。”这真的是充满了人本身的原始味道呢！

现在，这位经常在《时代》和《国家地理》等发表作品的著名摄影师，就站在我的面前为我煮咖啡。这时候我注意到他煮咖啡的壶十分奇特，是一个包裹着金属的玻璃“瓶子”，上面伸出拐着弯的玻璃管子，仔细看过去，他的咖啡豆不是用纸袋包装的，而是用麻袋。他把麻袋里的咖啡豆舀出一大桶，足有三四磅，然后放进一个老式的机器里打磨，最后一勺一勺全部都填进那个玻璃咖啡壶里。

我以为这下好了，大功告成马上就要喝到这位摄影师的咖啡了，可是没有！我看到我等候已久的咖啡，不是流出来的，而是一滴一滴地滴出来的。这要滴到什么时候啊？

“不要急，只有喝这种滴出来的咖啡，才可以喝到最纯正的咖啡味道。”约翰说。接着他又告诉我，这只老式的咖啡壶，还是他在日本的一家旧货店里发现的。那时候他途经东京郊外的小镇，一眼就看到了这只被丢弃在角落里的老式咖啡壶，立刻买了下来，并且长途跋涉抱回了家。

“这有多麻烦啊？沉重不说，还容易打烂。”我说。

约翰走到咖啡壶旁边，这咖啡壶足有他大半个人高，他就像抚摸自己的孩子一般，摸了摸咖啡壶的颈身，然后轻轻地说：“这是我的追求。我一向追求的是原始的完美。就好像要拍摄这幅 Xkeken cenote 的天然水井，那是我站在灌木丛中整整三天，终于等到了这个极致的画面。”

整整三天？闷热、疲劳、臭汗、虫咬，这是又脏又累，呕心沥血拍摄出来的令人心旷神怡的画面，在这画面里注入的不仅仅是他对艺术的追求，还有他的灵魂。想到这里，我端起约翰递给我的咖啡，看着那幅“天然水井”问：“‘咖啡和摄影’对你来说是什么关系？”

“咖啡是我的生活，摄影是我的生命。”他的回答，把这两件好像相差十万八千里，一点不搭的事情一下子拉拢到了一起。

第二天，雨过天晴，我们试图回转到那间“咖啡和摄影”用早餐，可是小车在周边的城市转来转去，就是找不到那个小镇，我简直怀疑昨天雨中的“咖啡和摄影”

是一场梦，可是手里面却实实在在地多出来一张约翰·斯坦梅耶亲笔签名的明信片。回到家里以后，我把明信片装进镜框，然后挂到我的书桌前，每天都可以看着它，想象着有一天我会回去找到那个小镇，再去喝一杯那里的冰滴咖啡。

2015年初冬

写于美国费城近郊 Swarthmore 的家

起司牛肉三明治

二十多年以前，长途跋涉从美国中部地区迁移到东部，很有一点乡下人到上海的味道。一家三口开着一辆两节的搬家车，得意扬扬地驶进了大费城地区。当然和其他地区一样，首先撞入眼帘的是一块“欢迎”字样的大型广告牌，只是在这里的“欢迎”字样下面，还有手写的一行小字:“这里是美国开始的地方，没有到过费城，就等于没有到过美国。”

好霸气啊！作为一个未来的费城人，一时间觉得个子也长高一点了。这以后，便在费城的近郊，一个被戏称为“丝袜”的城市住定下来，一转眼就十年过去了。那时候我在一家美国公司上班，一天八小时坐在电脑前面，周边的同事们都是老费城人啦，费城人有一种自以为是的优越感，当然我也不例外。

有一天午间休息，隔着办公隔挡和邻座的史蒂夫大声聊天，史蒂夫一向号称自己是公司里的第一美食家，凡是有关美食的问题大家好像都要咨询他。当他知道我还没有吃过费城起司牛肉三明治的时候，惊诧到了大叫起来："什么？什么！"

整个办公室的同事们，包括总经理，甚至大老板都立刻从自己的办公室里跑出来。顺便提一句，我们这个和建筑工程相关的电脑公司，大多数的雇员是男人。一时间这些大男人围了过来，就好像看西洋镜一样地看着我。从老板到打扫卫生的，个个都摩拳擦掌，恨不得立时三刻把我捉到老城里的费城起司牛肉三明治店，让我品尝一下。甚至还有人表示，怎么会有这么一个同事的啦？真坍台。接着大家一致对着我说："没有吃过费城的起司牛肉三明治就等于没有到过费城。"

这是什么意思？就好像当年看到的："没有到过费城，就等于没有到过美国。"那么我算是到了哪里？什么名堂？

难怪很久以后，姜文到宾大演讲，正当大家积极地讨论有关电影艺术的问题的时候，台下突然有人大声发问:“你到了费城，有没有去吃起司牛肉三明治啊？”

什么人啊？竟敢如此大胆地在严肃的气氛当中跳出来插横档？原来是郎朗。郎朗当年在费城读书，很有一副把自己当作费城人的风范，他看到姜文不得要领的模样，立刻起劲起来，津津有味地渲染费城起司牛肉三明治的美味，完全忘记了这是姜文的演讲会。周边的听众纷纷帮腔:“到了费城没有吃过这里的起司牛肉三明治，就好像到了北京没有吃过烤鸭！”猜想台上的姜文，只有咽口水的份了。他立马回头询问主办单位的工作人员，那些教授谁也没有想到一道起司牛肉三明治会撞进学术的殿堂，只好连连回答:“马上安排，马上安排。”

等一等，什么是起司牛肉三明治啊？这实在是费城以及费城以外，在美国东南西北的大小城市，到处都找得到的一道三明治。想到这里，我立马对我的同事们说:“不要激动，我应该是吃过的！”

我记起来了，只要走在我们办公室下面的马路上，常常会冷不防地看到街边小店撑出一块牌子，号称自己是最正宗的费城起司牛肉三明治。就好像到了上海的郊外城镇南翔，到处都是小笼包子，弄得游客们常常把假的当成真的。只是假的也已经做到了炉火纯青的地步，看上去一样地道。

不料，同事们一听我的话，竟然更加变本加厉地讥笑起来：“不要出洋相了吧，把那些盗版货也搬到台面上来了，我们讲的是最正宗的费城起司牛肉三明治，那是起司牛肉三明治老祖宗：Pat’s King of Steaks。”

于是隔天午餐，全体同事前呼后拥地把我轰出了办公室，直奔Pat’s King of Steaks。这家店坐落在费城的意大利城边上，Passyunk大道和第九街交叉的街口，交通有点不方便，一般需要开车，但是在中国城附近也可以找到公共汽车前往。后来有一次实在馋急了，竟然也迈动了两条腿走过去，大概花不到30分钟。

这天史蒂夫驾驶着公司的大车，神气活现地载满了一车子的同事，直奔老旧的意大利城。因为多是单行道，绕来绕去绕了许久。好不容易到了跟前，幸运的是就在附近找到了停车位，扫兴的是我跳下汽车一看，差一点别转身就走。我对着史蒂夫大叫：“什么？难道这只简陋到了好像是破破烂烂的售货亭里卖的东西，就是你们引以为豪的起司牛肉三明治之王？”

史蒂夫没有回答，只是狡黠地笑了笑。我心里大呼上当，暗暗嘀咕：还不如上海老家后门口卖大饼油条的食堂。这里连个店堂间也没有，只是在路边的人行道上撑着一圈油毛毡兮兮顶棚，吃客们坐在那里的条凳上。两张条凳当中有张条桌，就算很奢侈的了。

不过这里的人气倒是非常旺，不得了！竟然还有人找不到座位便在垃圾桶的圆盖上铺上一张纸头，三个五个围站在那里，狼吞虎咽，这倒要我刮目相看了。我先围着“售货亭”转一圈，只看到四周的墙壁上贴满了褪了色的名人照片，有美国人、欧洲人，还有一对日本夫妇跻身其中。这些看上去年代久远的照片上的食客，大概多数早已驾鹤西游了，于是更为眼前这道起司牛肉三明治抹上了一层历史沉淀的色彩。

就在我转到三明治的点餐窗口的时候，突然发现旁边的铁皮墙面上镶嵌着一块购买“规定”：“1. 讲清楚要不要加洋葱，加洋葱讲‘WIT’，不加洋葱讲‘WIT-NOT’；2. 选好起司，普通 / 美式；3. 准备好现金，不收信用卡；4. 反复练习上面的规定，讲不清楚重新排队。”

什么乱七八糟的东西？假如不会讲英语，是不是永远也吃不到他们的三明治呢？刚刚要发作，这时从售货亭里冲出来一股香味让人无法抵抗，不去理会所谓的购买规定，开口就是一大堆的语病。点餐窗口里的大男人对我一点办法也没有，只好按照我的要求递给我一个双料起司、双料洋葱、双料蘑菇和甜椒的起司牛肉三明治，又自己到旁边的调料台上，添加了各种的辣椒、西红柿酱、芥末等等。

来不及坐到史蒂夫为我抢占的座位，一边走一边把三明治塞到了嘴巴里，不得了，这是什么味道啊？肉香、菜香，还有起司！起司不是一点点，而是充满了整个的口腔，嘴巴一张，差一点滴出来。

史蒂夫和同事们在旁边看着我的吃相大笑，后来他们很得意地说：是他们把我变成费城人的。这天我吃到饱透饱透，周末又把全家带过来大吃一顿。这以后 Pat's King of Steaks 就好像盘踞在我的脑子里一样，只要有朋友，无论是国内还是国外的过来，都会在第一时间里，请他们饱餐一顿 Pat's King of Steaks 的起司牛肉三明治，每一次都非常成功地让朋友们离开了还念念不忘，当然也包括不忘我们了。其中最佳战果是一个上海来的大外甥，一口气吃掉了两个一尺多长的起司牛肉三明治，还带了两个在回家的路上吃。

日子长了，坐在硬邦邦的条凳上开始想不通，这家店的炉火点燃了大半个世纪，全天营业，天天排长龙，赚出来的钞票堆也堆得出一幢大楼，为什么仍旧蜷缩在这个像偎灶猫一样的“售货亭”里呢?

Pat’s King of Steaks 的老板 Pat，原本只是在费城市中心小意大利城边缘的边缘，推了一个卖热狗的车子，赚那些城市底层老百姓干瘪的口袋里的钞票。吃这种热狗的人，多数只是为了填饱肚子，一根橡皮一样的廉价香肠，夹在软塌塌的面包里，一点味道也没有。到了最后，连那个出售热狗的推车老板 Pat，自己也吃不进这种东西啦！这一天，Pat 决定自己为自己做一顿不一样的午餐，他从旁边的肉摊上买来了一点碎牛肉，在自己的热狗炉子上弄熟，又加上了洋葱、蘑菇、甜椒夹进面包里。最爱的起司，是放到大火上烤成稀液，一起夹到了他的热狗面包上……

“啊哟，什么东西这么诱人啊? 我也要。”一个老顾客对着 Pat 伸出一只手。

Pat 说:“这是我自己的午餐!”

“给我吧,我买了……太好吃了,我看你不要卖热狗了,改卖这个东西吧!”老顾客一边说一边吃,满嘴的牛肉,前襟上还滴满了流出来的起司,Pat's King of Steaks 就这样诞生了。三明治是热狗的豪华版,里面的牛肉是切碎并现场大火烹制的,虽然后来小推车变成了售货亭,但是他们的菜单自 1930 年创办至今一直没有变过,而且仍旧缩在那个偎灶猫一样的售货亭里。以不变来应对大千世界的万变,固执的老 Pat 说,他们的起司牛肉三明治之王追求的就是这份味道,这份情趣。

于是我感觉到:咬一口 Pat's King of Steaks 的三明治,就是咬进了 1930 年的味道。这是老顾客当年的情趣,年轻人想要猎取的上个世纪的风景。坐在人行道的旁边,无论春夏秋冬,人人平等,就是皇帝来了,也没有雅座。据说 2008 年 4 月 23 日,奥巴马来了,这个时任的总统和老百姓一样,坐在露天板凳上的风口里,饕餮咀嚼。

有人问及他们的秘籍,Pat's 好像没有特别的秘籍,所有的操作和食材都公开在玻璃橱窗的后面,只是沉甸甸的三明治递到手上的时候,多出来一份实在,咬上去一口松软的面包、喷香鲜美的牛肉、潽出来的起司，还有洋葱、蘑菇和甜椒……因为一开始是为自己制作的午餐，自己要吃的东西不会偷工减料，以后几十年如一日，就好像永远是为自己做午餐一样，这就是他们的秘籍了。难怪他们的生意经久不衰呢。

2015 年 8 月

写于美国费城近郊 Swarthmore 的家

费城的 Pretzel

我实在想不出来我在这里要介绍的 Pretzel 的中文翻译是什么，有人告诉我说叫作“椒盐饼干”，但我讲的不是饼干，而是一种面包，有点像辫子面包，小号的辫子面包。一个一个紧紧挤在一起，挤成长长的一排，都粘在一起啦！

身上布满文身的 Pretzel 工场伙计冲着站在售货窗外面的我大吼了一声：“多少？”（这里要加一句，那个售货窗简陋到了简直就好像是在墙壁上凿出来的一个洞。）

我吓了一大跳，胆战心惊地伸出一根指头，那伙计好像从来也没有看到过这个举动，更加大声地吼了起来：“一盒？一排？还是一打？”

我小心翼翼地回答：“一个。”

“什么什么？一个？塞牙缝啊？是不是从来也没有吃过我们的 Pretzel？拿一个过去尝尝，算我送的，不要钱了。”说着，这个粗野的男人就用粗大的手指从一大排的 Pretzel 上掰下来粗壮的一根，扔到我的面前，我有些气短，好像受到了侮辱。

但是一看到那个鲜活的 Pretzel 就开心起来。真的是鲜活的呢，胖鼓鼓的油光发亮，上面还沾满了大粒的晶体，一定是蔗糖，就好像是刚刚从炉膛里夹出来的一样，还在不断地膨胀。我的嘴巴来不及听从大脑的指挥，“啊呜”一口就咬了下去。“啊哟，又烫又咸！”

我忙不迭地伸出了舌头，想把沾在上面的盐巴吐出去，顺便吹凉烫伤的舌头。心里则开始臭骂办公室里那帮美国佬，都是他们骗我大清早到这里来买 Pretzel，还讲:“假如没有吃过费城的 Pretzel，不仅仅是没有到过费城，简直就是白白活在这个世界上了。”

但是要想尝到最正宗的 Pretzel 可不是一件简单的事情，首先要起个大早，直接到工场门口去排队。这家工场坐落在费城老区里的华盛顿大街 816 号。

华盛顿大街现在已经开始被亚洲人的商场占领，当然首先是中国超市，这对我来说还是熟悉的。可是蛮奇怪的，平时在这条街上走来走去，好像从来也没有看到过那家被 yelp（美国最大的点评网站）评出五颗星的“中心城市 Pretzel 工场”。原来这家工场半夜 12：00 开张，说是到第二天中午 12：00 打烊，但有时候当日的 Pretzel 卖光了，就会挂出“明日请早”的纸牌子。

看样子这里的工人吃饱了晚饭看完了晚间新闻才来上班，他们甩着膀子捶打面团，等到把面团盘出花样，又撒上粗盐，送进火红的炉膛里，就算是大功告成了。接下去那些工人改头换面，一个个都变成了售货员，他们把新出炉的 Pretzel，一排排地放进长条的黄裱纸盒子里，一箱箱地摞在一起。每到这个时候，后门口的汽车驾驶通道上已经排满了大大小小的运货卡车了。这些卡车有的是属于他们自己工场的，也有的是远近食品商店和超市的。当他们装满了新出炉的 Pretzel 以后，立刻向四面八方飞奔出去。等到太阳升起来的时候，费城的大街小巷，特别是市中心的食品小贩的小推车上，都会堆起这一天最新鲜的 Pretzel 了。

而那些制作 Pretzel 的工人，此刻正迎着东升的太阳，收拾干净，下班回家啦。这时候，一路上可以看到匆匆赶去办公室上班的男男女女，手里握着Pretzel，边走边啃。有点当年在大上海马路上啃大饼油条的味道。

第一次摸到这家Pretzel工场的时候，太阳已经升得老高了。工场里只有几个打扫卫生的女工在洗刷地板，当她们得知我的来意，立刻笑了起来说："快到路边摊上去觅吧，去晚了，那里也会卖光的。"

我不甘心。第二天起了一个大早，赶在太阳出山之前来到Pretzel工场的零售窗口前，从伙计手里接过了那只免费的Pretzel，没有想到一口咬下去，咸到要出眼泪。想起来小时候上海的小菜场，有人在柏油桶上架了一个油锅，炸臭豆腐，香得一塌糊涂。一路追寻过去，只看见购买者排着长队挨到跟前，先是用裁剪好的纸张夹起一块炸得金黄的臭豆腐，又在旁边的酱缸里舀出一点鲜红的酱汁浇在上面，就大口地咬下去了。我以为那是西红柿酱，贪心地舀了一大勺，结果是辣酱，辣得出眼泪。

此时，我一边吐舌头上的盐巴，一边回忆第一次吃臭豆腐的感觉。那个墙洞里的伙计见状，立刻递给我一只黄颜色的芥末瓶子，示意我挤一点在Pretzel上。奇怪了，挤上了也应该是有些咸味的芥末，Pretzel“齁咸齁咸”的味道变得温和了，不会那么凶猛。我咬了一口又一口，那个伙计又在墙洞里面发话了:“慢点慢点，当心牙齿别断。”

真的呢，这只 Pretzel 虽然说不上很硬，但却是韧劲十足，一口咬下去要在嘴巴里咀嚼好几个来回才可以吞咽。这对那些牙口不好的人来说，实在是费劲的活儿。可是我们办公室里的绿化阿姨，满口假牙，最喜欢的就是嚼这只东西了。常常在劳动了一个上午以后，坐到厨房间的餐桌旁边，有滋有味地享受起这只 Pretzel。那模样就好像我已故的婆婆，在啃东北的老玉米。

想到我的婆婆啃老玉米，那实在是有着无法忘怀的情分，就好像费城的 Pretzel 对费城人来说，也是同样。讲老实话，费城的 Pretzel 实在是最简单最朴实的一只碱水面包了。对了，就是碱水面包！早年，刚刚改革开放的时候，在上海一些外国人出入的大饭店的餐桌上，偶然会摆出一种碱水面包，那时候多数中国人不欣赏，我以为是忆苦饭。后来周边一些追赶时髦的朋友，想办法“开后门”买过来送给我的儿子，儿子不识好歹，偷偷扔进垃圾箱，被我发现捉牢，他苦着脸说:“硬，咬不动。”

没有想到在他长大以后出差路过费城，专门绕道过去，买了一只碱水面包 Pretzel。被问及当年的“咬不动”，他竟然反问：“你不觉得 Pretzel 实在是很有特别味道的一种小吃吗？”

把 Pretzel 称作是小吃，也只有美国人了。这只 Pretzel 虽说不大，但是对中国人来说绝对是主食，那团面粉紧实到了一只吃下去，充胀在肠胃里，可以顶上大半天。有朋友过来旅游，先让他们吃饱 Pretzel，然后直冲费城附近名牌最齐全的工厂直销店，一整天都可以全神贯注地投入抢购，完全忘记还会有肚子饿这一说。顺便提醒一句，宾州买衣服免税，可以省出一大笔钞票。

到了晚上，这帮人回到家里，兴奋地整理起战果，催促他们吃晚饭，回答是：“不急，不急，一点也不饿。咦，今天早上我们吃的是哪里来的面包啊？怎么到现在还是饱鼓鼓的呢？”

这只面包是从哪里来的？我倒是要好好查一查了，当然先去咨询周边的美国朋友，丈夫的德国同事汉斯教授说：“这是德国的食品，小时候放学回家，母亲就会在古老的火炉里烤好了全世界最好吃的 Pretzel，德语叫作

brezel。掰开来咬一口碰碰香，那股温馨，一辈子也不会忘记。”

旁边的法国邻居立马反驳：“错啦！这是我们法国老祖宗的首创，在法国的阿尔萨斯最为盛行，大街上就有，现烤现卖，热乎乎的，很好吃。”

看起来这只 Pretzel 无论是德国货还是法国货，总归是欧洲食品了。而且还可以追溯到中世纪，甚至古罗马。但是德国货也好，法国货也好，有一点很重要，就是：最好吃的是刚刚出炉的时候，越烫越有味道，否则会变硬，真的要别断牙齿呢。

这一天加州朋友王老板夫妇到费城来开展销会，老朋友见面当然会有说不完的话，可惜来来往往的顾客络绎不绝，忙得这对夫妇连吃饭上厕所的时间也没有。我想了想，跑到街角的快餐车上，买了一只 Pretzel。塞给王太太，她一口咬下去不由大叫起来：“你在哪里弄到我们陕西人的锅盔啊？好吃！好吃！”

我说：“不要搞错好不好，明明是我们费城的 Pretzel。”

“是你搞错了吧，这么正宗的锅盔，小麦粉制成，又香又紧实，又有嚼头，再来一块！”

“你什么时候吃的锅盔？忘记滋味了吧？”

“开什么玩笑，打我一出生，会吃饭了，就开始吃锅盔了，这种东西最要紧的是清爽，就好像我们陕西人，一点花样也没有，不会添加一丁点的香精香料，就是最最单纯的小麦粉，用力气擂打，把小麦粉的原味都打出来啦，一下子沁入味蕾，终身难忘。可惜到了美国就吃不到了，而且再也找不到这么淳朴的食品了。”

“吃吧，吃吧，这里有的是，60美分一个，叫Pretzel。”嘴上说着，心里却开始琢磨，这只Pretzel是不是陕西的首创呢？也许世界上的食品归根到底都可以找到同一个源头。

不过，Pretzel虽然好吃，吃起来也是要当心的，最要紧的是细嚼慢咽。2002年，美国前总统小布什就是因为贪吃Pretzel，不小心哽在喉咙里不上不下晕过去，差一点出了人命，这就是小小一只Pretzel的威力了。

2015年9月

写于美国费城近郊Swarthmore的家

左将军鸡

这实在是件蛮奇怪的事情，当年背井离乡漂洋过海，一只脚刚刚踏上美国这个“新大陆”，立马就发现：这里无论是中国人还是美国人，黑人还是白人，几乎人人都知道中国有一个左宗棠将军。甚至在迷路的时候，马路上也会冒出来一个陌生的墨西哥女人对着我大叫：“左将军鸡！左将军鸡！”接着就把语言不通的我带进了一家中餐馆。

左宗棠是什么人呢？他是一百多年以前的清朝大臣，湘军将领，后来因为屡立战功，被光绪皇帝破格敕赐为进士，官至东阁大学士、军机大臣等等。还和曾国藩、李鸿章、张之洞，并列被称为“晚清四大名臣”。

更加奇怪的是左宗棠在美国并不是因为他的功绩而

闻名，而是因为一只鸡，这是怎样的一只鸡啊？为什么我这个食客在中国生活了三十多年，从来也没有听说过这道菜呢？好奇心驱使我去寻找其中的缘由。

那时候我还在一家台湾人开的快餐店打工，快餐店坐落在购物中心一个不起眼的角落里，生意却好得一塌糊涂。我总是在周五到那里去包两个小时的春卷，这种事情对我来说简直就是小菜一碟。老板的女儿待嫁，无聊的时候便坐过来和我闲谈。

我问她："左将军鸡是怎么一回事啊？"

她回答："是一只鸡啊！"

我哭笑不得。还没有等到回过神来，她已经跑到前台，用一双卫生筷，夹了一块褐色鸡肉塞到我的嘴巴里。她说："这就是左将军鸡。"

我咬了一口，一股又酸又甜又辣的味道黏糊糊地冲击着我的味蕾，似乎有点熟悉，好像母亲的拿手小菜糖醋黄鱼。我用筷子从嘴巴里夹出咬了一半的鸡肉，明显可以看到上面包裹了一层面糊，这倒有一点像我婆阿妈喜欢的桂花肉。但还是不像，都不像，因为糖醋黄鱼和桂花肉里面都没有辣蓬蓬的味道。我把鸡肉又放回嘴巴里，细嚼慢咽，甜酸咸鲜辣样样俱全，这味道就好像是个鱼钩把我这条贪嘴的大鱼钩住了。这是什么味道啊？熟悉的？可是想不起来了。

还是去问问掌厨的大师傅吧，抬起眼睛，寻索到的竟然是个墨西哥人。在美国的中餐馆雇用墨西哥人当苦力，并不是一件稀奇的事情。这些人吃苦耐劳，因为没有身份，所以他们领到的都是最低的报酬。此刻这个墨西哥人正把一大堆炸好的鸡块从炸锅里拎出来，这是一个长方形的炸锅，里面可以放进一个同样大小和形状的铁丝网，一网鸡块足有十多磅。

我走过去，从铁丝网里捡起一块鸡肉看了看。墨西哥人示意旁边还有一大缸打散的鸡蛋和一盆面粉，他用手势告诉我，那面粉是淀粉和面粉混合的，还加了一点细盐。接着他把铁丝网里的鸡块倒到一个长方形的不锈钢盒子里，自己则又转到炸锅旁边，开始煎制新的一锅鸡块了。我发现这些鸡块是鸡胸脯以外的去骨鸡肉。鸡块带着皮和上蛋液，又在面粉盆子里拍了拍，丢进炸锅，一转眼就变身为金黄灿灿的炸鸡块了。墨西哥人就这样一锅又一锅地炸鸡，等到炸满了大半盒子即开始炸蔬菜，有胡萝卜、绿菜花，炸好了一起混入鸡块中。最后是他在一只炒锅里倒上酱油、白糖、白醋、酒、麻辣油混合水淀粉煮开调制好，再把那盒鸡块和蔬菜加进去，翻炒了两下，加上一大勺的麻油和一大勺油辣椒就出锅了。真是手快脚快，干净利索。

墨西哥人大概因为可以在我这个中国人面前炫耀自己的才能得意起来，他“嗨”一声自己对自己竖起了大拇指，我也表示赞赏。这时候老板从前面走进来，他两只手拎起新做好的左将军鸡，大叫一声“来哉”，又快步走了出去。他自己干这种力气活，并不是体恤墨西哥人，而是墨西哥人的面孔是不可以出现在中餐馆前台的。

想想有点悲哀又有点好笑，这道在美国最著名的中国菜，竟然是墨西哥人教我的。老板的女儿走过来看到我的表情，以为我藐视这道小菜，她说:“不要小看这道左将军鸡啊，这是中餐馆里的销量第一，我们快餐店也是靠这道菜赚钱的。”

最近我看到2015年的食品统计里面，第一时髦的中国菜就是左将军鸡，在全美各大菜肴当中也跻身第四名。看起来老板的女儿历史知识一点也没有，生意经倒是一清二楚。可是那道赫赫有名的左将军鸡究竟是从哪里冒出来的呢？没有人回答。

自己揣测，左将军是一百多年以前的人物了，这道菜一定具有相当的历史。这时候跳出来一个喜好收集中国菜单的美国人，他查阅了地下室里几十箱不同年代、不同中餐馆的菜单，发现从上个世纪二十年代到六十年代的菜单里根本没有这道菜，一直到七十年代，在纽约一家中餐馆的菜单上首先出现了“左将军鸡”，以后很快风靡整个美国。

七十年代？七十年代发生了什么事情？可以让左将军突然从历史的尘埃里爬出来？而且经久不衰？甚至越来越兴旺？一连串的问号催促我寻找七十年代的大事记，有了，1972 年 2 月美国总统尼克松访华，这是中美交往中断了二十五年后第一次重要的高级会晤，这个消息震动了全世界。想起来了，那时候我在上海，是个逃避“上山下乡”的无业游民。二月的上海，还没有春意，我和姐姐要到淮海路陕西路口的“江夏”生煎馒头店吃点心。

“今朝怎么这么清静，马路上一个人也没有？一眼看过去可以看到国泰电影院，太稀奇了。”姐姐冷得缩头缩脑地说。

我一边快速地推动着姐姐的残疾车，一边用眼睛搜索周边的橱窗，一件挺括的“毛腈”两用衫高高挂在那里，价钱要比平时便宜一半多。我说:“奇怪吧？一定是写错牌子了。”

“快，到了，先进去暖热一下。”姐姐答非所问。我们俩一头撞进馒头店，咦，有点不对头，店堂里窗明几净，地板擦洗得照得出人影，关键是怎么只有我们两个顾客？不用排队，直接坐到临街的座位上。服务员倒是客气的，前所未有地客气，还没有开口，二两生煎馒头已经端上来了。

哦哟，今天的生煎馒头特别好吃，肉多皮薄，一口咬下去，满嘴的汁水。姐姐和我狼吞虎咽，眼睛一眨，二两生煎馒头下肚。姐姐大方地说:“再来二两！”

话音未落八只馒头又放到了面前，焦黄的底壳吱吱地冒着气泡，油津津的褶皱处撒满了芝麻，咬一口，那里面的鲜美只好用上海弄堂里的一句宁波方言来形容:“眉毛也要鲜掉啦。”

一直到现在，四十多年以后回忆起来，那实在是我们吃到过的最好吃的一顿生煎馒头。后来才知道，这是因为那天尼克松访华到上海。上海的各级领导层层把关，命令所有的老百姓在尼克松到达的当日，不许上街，不许乱说乱动，老老实实地待在家里。我因为是无业游民，姐姐又是病休在家，所以天高皇帝远，没有人给我们这两个城市贫民传达那个要紧的最高指示，结果沾了尼克松访华的光。顺便提一句，第二天母亲想去购买那件“毛腈”的两用衫，价格已经一个跟头翻回原样，姐姐懊恼不已。

我和姐姐沾了尼克松访华的光，大快朵颐地吃了一顿生煎馒头，没有想到有一道菜更加沾光。当年台湾有位彭姓名厨，在纽约开了一家中餐馆。据说早先他在台湾的时候发明了这道菜，大概是湖南人的缘故，敬佩他那一百多年以前的老乡左宗棠，大有雄鸡一唱天下白的气派，于是想出了一个菜名——左将军鸡。幸运的是恰逢尼克松访华兴起中国热，连当时的美国国务卿基辛格也会到彭家的餐馆用餐，甚为喜爱“左将军鸡”，于是这道菜开始传播开来。

但是现在的左将军鸡实在是和当年彭师傅所创的左将军鸡浑不搭界了，彭师傅的左将军鸡只是咸鲜辣，而现在的左将军鸡还有甜和酸。据说那是一位在美国出生的王姓华裔大厨，懂得美国人喜欢甜，他开始加糖，各家餐馆效仿，弄得左将军鸡越来越甜。中国人一向是最聪明的，很快又有人在里面加上了醋。好吃啊！美国人竖起来大拇指。因为符合了他们的口味，一时间左将军鸡在全美国流行得红红火火。

那么左将军鸡究竟是湖南菜还是台湾菜或者干脆是美国菜了呢？这一天回到大陆省亲，发现中国的年轻人都热衷于麦当劳里的麦乐鸡，蘸上酱，加一点辣油，那不就是在一开始我就感到熟悉的左将军鸡的味道吗？这真是天下的美食都在乱搭，看你会搭不会搭了。

不管怎么说，左将军鸡在美国已经是最被认同的中国菜了，假如你不懂英文，又迷了路，孤身一人在美国，只要会对路人说出一句英语，那就是：左将军鸡！一定会有热心人把你带到附近的中餐馆。在那里，在你吃到左将军鸡的同时，你就会看到你的同乡啦。

2015年3月

写于美国圣地亚哥太平洋花园公寓

旧金山的塔尔提纳面包店

老天不作美，我们在旧金山休假的时候，天天下雨。早上裹着厚厚的浴衣，坐在落地窗后面的大餐桌旁边，无聊地望着一颗一颗的水珠子掉下来……不知道自己应该做些什么才好。

突然手机铃大响，忙不迭地冲过去打开，还没有放到耳朵上，丹丹的声音已经从科州冲过来啦："喂，你晓得吧？有人说我们东方人的嘴巴偏干，所以不喜欢面包，只会吃馒头包子；然而西方人的嘴巴湿润，就会享受面包了。你说这话有没有道理啊？"

"乱讲。馒头包子做起来比较复杂，哪里像面包，揉一揉，烤一烤就可以吃啦，那是一点味道也没有的。"我是最不喜欢面包的了，所以脑子动也没有动，就把话放了出去。

“好像不大对哦……”坐在旁边看报纸的丈夫抬起头来说。

“妈妈，你这是拒绝面包，我们还是到旧金山的面包房去了解一下再说吧。”儿子也从内屋走出来说。

“面包房？什么面包房？下面小街角旁边就有一家，你们去买一点回来好了。”我懒得挪步。

“不可以，我们是要带你去了解面包，要到最好的面包店去！”丈夫跳将起来。这时候我发现他们父子俩已经穿戴整齐，又听到丹丹在电话的那一头哈哈大笑。我恍然大悟，他们这是早就“预谋”好了的。于是只好换上衣服，跟着丈夫和儿子下楼坐进车子，然后便朝着旧金山 Guerrero 大街 600 号进发了。

旧金山的马路实在不好开车，不仅仅是拐来拐去，还要直上直下，听见丈夫在上坡的时候对儿子说：“在这种地方开车，遇到红灯的时候不要狠狠踏刹车，要轻轻踏油门。”

儿子说：“我晓得，我晓得，昨天已经试过一次了。”

啊哟，看样子他们是有准备的呢。想要把我“骗”

出去吃面包，还要花费一番功夫，想到这里，不由暗地里开心起来。正想着，突然听到儿子大叫：“到了，到了呢！”

我把面孔转向窗外，什么也没有，只是在好几条街后面的小房子旁边，挤着一大堆人。儿子一边开车一边说：“不得了，下雨天还有这么多的人啊！不知道可不可以买到最好的面包。”

丈夫说：“快，先把你妈妈放下去排队，我们再去找停车位。”

丈夫的话音刚落，车子已经停到马路旁边那堆人的最后面。我忘记反驳，甚至连思考一下的时间也没有，门一开两只脚已经踏到了排队的队伍里，很快后面又有人排了上来。坏了，手忙脚乱忘记拿雨伞。还好前前后后挤满了排队的人，他们手里的雨伞把我遮挡得严严实实，我把两只手插进衣袋里，便开始东张西望起来。

“这里怎么会有这么多的人啊？”我说。后面一对白人老夫妇听到我的抱怨，立刻说：“不多，不多，要不是下雨，人还要多，说不定就会买不到了。”

“哇，真的吗？每天都排队？”我开始和他们搭讪。

“当然，你这是第一次来吗？”前面的黑人妇女别转身体和我说话，当她知道我是外地人，立刻起劲起来，先是告诉我，我是来对了，然后便开始介绍这家叫“塔尔提纳”的面包店——Tartine bakery & cafe。

“你不知道吧，这家面包店只有十几年的历史，却可以和我们这里的百年老店竞争，而且被公认为旧金山最好的法式面包店之一。不仅是年轻人的最爱，连我们这些传统的老吃客也从远处被吸引过来啦。”后面的老夫妇说。

“是吗？”我有些怀疑，心想：面包会有什么花头经，不就是由面粉、黄油、盐或糖，一些最基本的食材组成的吗？听说很多老人公寓里，每天都可以免费领取的呢。东方人多吃米饭，西方人多吃面包，不管喜欢还是不喜欢，肚子饿的时候，嘴巴一张，就吃下去了。

周边的同行者们大概看到了我有些不屑一顾的表情，立刻把我推到塔尔提纳面包店大门旁边，那里有一扇巨大的玻璃窗，有人说：“看，这里面是多么专业啊！”

“哦哟，这里面是他们的工作室吗？怎么会有这么多的人啊？”我大吃一惊，不能相信这么多人在做还会供不应求。

有人回答：“是学生，从全国各地，甚至世界各地过来学习做面包的。看，那里还有一个东方人呢！不过这里不是每一个学生的面包都可以放到柜台上卖的，老板是非常严厉的，这里面充满了竞争。”

原来是这样的呀，难怪那里面的学生们都目不转睛地盯着手心里的面团，使出浑身的力气来对付这些面粉，好像这是最最要紧的事情。我很想看看哪一位是他们的老师，可惜看不出来。正在这时丈夫和儿子停好汽车过来了，我想了想便先进店堂寻找座位，把排队的事情转交给了他们。

踏进店堂就发现，这里的座位并不那么紧张，因为多数顾客是外带的，店堂虽然不大，但是因为吃的只是面包和点心，所以流动很快。整个店堂里只有一张长餐桌和三张半小桌子。这里的“半张”是指桌子极小，我立刻就看中了这半张小桌子，又找到三把椅子，便坐下来开始观察四周。邻座好像也是远道而来的客人，一家四口买了一大堆的面包，正在大口地品尝，旁边还有许多纸包准备带走。那个男人的嘴巴里已经塞满了面包，当老婆的又递给他一片刚刚切下来的长面包。

刚想和他们搭讪，儿子跑过来递给我一张印满了各种面包品种的单子，让我挑选。原来他们已经从马路上排进了店堂。我看了看手机上的时间，发现排队大概用了半个多小时，等到最后买好面包，坐到桌子旁边，差不多有四十多分钟。丈夫和儿子乐呵呵地端着盘子，捧着大大小小的面包和点心走过来了。

“发疯啦，买了这么多，怎么吃得掉？”我的话还没有说完，儿子已经撕了一条新鲜的面包塞到我的嘴巴里。

“啊哟，这是什么面包啊？怎么会这么有嚼头，不太干，也不太湿，很有弹性，太好吃了，再来一片！”我忙不迭地说，并伸出手去，自己撕了一大片。这时候我发现，这面包真的很奇特，外表看上去坑坑洼洼，颜色也有深有浅，里面则极有光泽，按下去是一种潮湿的触感，但是一放开，立刻就反弹了回来。

我不能说这面包不像面包却更像蛋糕，就像很多高级点心店做出来的那样加足了奶油和鸡蛋。这实实在在就是面包，是一种我过去从来也没有品尝过的面包，它的谷物味很强，一口咬进去，完全被一种纯净的自然和朴实的简单所征服。

我没有办法控制自己的两只手，不断地从不同的面包上面撕扯出一片又一片，填到嘴巴里。这时候，刚刚排队排在我后面的老夫妇笑着走到我的面前，递给我一份小折页，那是介绍塔尔提纳面包店的资料。

“你知道吗？这是一家夫妻店，面包师傅查德·罗伯逊和他的妻子点心师傅伊莉莎白都在美国烹饪学院读过书，后来又到法国面包店当学徒。十多年之后，到了2002年，塔尔提纳面包店才在这里开张。”那个太太说。

“这对夫妇极其热爱他们的面包和点心，他们完全是倾注了他们的爱，用自己的心和手，给面包注入了最好的味道和质地。”当丈夫的说。

我没有想到面包可以做得这么精致，这里面除了手艺以外，更是一份爱！据说罗伯逊做面包非常“疙瘩”，温度、湿度、力度、时间等等每天都要调整，最基本的食材都特别讲究，甚至对手边的工具也有自己的一套规定，据说他从来不用“杯子”做量器，而是用秤上的“克”。他对“发酵”也很有自己的一套秘籍，最终他便做出来了人见人爱，让大家停不了口的面包。这不仅是面包店的成功，我认为这更是他做人的成功。

离开塔尔提纳面包店的时候，看见有他们的面包书出售，拿在手上看了看没有购买。因为我发现了一个秘密，那就是做菜可以根据经验发挥，时而改换、增加或减少食材，而面包、点心不可以，一定要严格遵守配方，这不是我的习惯。因此对我来说，做西方的面食是非常非常难的一门技术，像我这样不守规矩的人，只好等下次到旧金山来的时候，再来排队了。

2015 年秋日

写于美国圣地亚哥太平洋花园公寓

拉斯韦加斯戈登·拉姆齐餐馆

最早知道戈登·拉姆齐是因为看电视，那时候儿子在牛津大学读博士，我去看他。一大早坐在宽大的客厅里吃早饭，一只手把涂满了黄油的面包塞到嘴巴里，另一只手拧开了电视，戈登·拉姆齐便出来了。

“怎么会有这么无聊的主持人？人家已经紧张到了分秒必争的地步，他竟然还要在旁边插横档：‘停一停，停一停，看我的面孔！’这张面孔有什么好看？还不如赶快回去做菜！”我骂道。

“哈哈哈，很有意思。”儿子站在旁边大笑。

我一边看一边笑一边骂，时间过得很快。后来才知道这是一档关于英国餐馆厨师比赛的节目，主持人只有一个，就是戈登·拉姆齐。

后来回到美国，忍不住到处搜索戈登·拉姆齐的节目，发现他的节目实在很多，同样的面孔，同样的态度，常常在那些快倒闭的餐馆里蹿来蹿去，到处骂人。我喜欢他的节目是因为在他的“无聊”当中，总是夹带着很有意思的揭示。常常会在一间富丽堂皇的大餐厅里，拎出一片发了霉的牛肉，或者是变了颜色的鸡肉。看到这些事情，弄得我都不敢随便出入餐馆了。

这一次儿子要从加州搬往华盛顿，几乎就是横跨美国。他说：“怎么样？我们开车过去好不好？”

“……”我不知道怎么回答。

“喂！你怕了吗？我们可以去拉斯韦加斯、丹佛、芝加哥等地。对了，拉斯韦加斯还有一家戈登·拉姆齐开的餐馆……”

“真的吗？好，我陪你开车！”

于是在金色的九月，我们开始上路。第一天行程300英里，拉斯韦加斯已经到了眼前。因为是计划好了要到戈登·拉姆齐的餐馆，所以安顿好了自己的住处就直接奔到大街上。当时正值傍晚时间，拉斯韦加斯闹猛得一塌糊涂，大街小巷车水马龙人挤人。我说：“我一身臭汗，走不动啦！”

儿子一边说“不要急，不要急”，一边拦下了一辆出租车。不料刚刚踏进小汽车，眼睛还没有眨两眨，就到了一家巨大的赌场门口。我和儿子还摸不清头脑，开车的墨西哥兄弟手一挥说：“就在里面，这就是拉斯韦加斯大道3655号。”

抬起头来看一看，那上面有个仿造的巴黎铁塔，不用猜就知道这是巴黎大赌场了。挤进熙熙攘攘的人群，穿过各种各样的老虎机，最后来到一个不大的餐馆门前，那上面写着：“Gordon Ramsay Steak”。

儿子说：“就是这家。”

我不觉得这家坐落在巴黎大赌场里的餐厅有什么特别，只觉得踏进去的时候有点黑暗，正在担心如此莽撞进来，会不会没有位置，年轻的服务生已经把我们领到座位旁边。看起来这里并不像网上所说“一定要预先订位”。

儿子说：“这是因为我们来得早了，他们刚刚开门。”

坐定下来开始观看，这里面还是相当宽大，头顶铺满了英国国旗，半空中悬挂着各种各样的现代艺术品。这些都不是我所关注的，讲老实话，对我来说最最要紧的，只有一样，就是他们的拿手好菜。

“威灵顿牛肉！”我疾呼。

“对不起，威灵顿牛肉最少要等45分钟。”服务生微笑着回答。

“没有关系，我就要等45分钟，不然的话怎么会好吃？”我说。

“很好，就这样定啦。”服务生仍旧是微笑着在说话，我觉得他的微笑好像是套在面孔上的一层面罩，下面是不是有什么猫腻？不过我已经说过了，我是不怕等的，就是要等90分钟我也会等下去的。

紧接着，服务生端上来了一盘面包，有三种不同的样式，圆形的可颂面包、传统的天然酵母酸面包、香料佛卡夏面包，其中酸面包本来是我最不喜欢的，不料这一块一口咬进去就无法放弃了。

“哦哟，香，怎么会有这么香的面包？让我再去要一份。”我说。

“慢点慢点，不要忘记我们还要了一大堆的菜，一会儿都来了，你怎么吃得下？”儿子说。

儿子的话还没有说完，菜就上来了，先是蔬菜汤，我们仔细地研究了其中的花样，这实在是相当地复杂，因为菜肴都已经打碎，很难分辨，其中的精致，难点穿。接着又有沙拉，在这个沙漠地带，能有如此新鲜奇特的蔬菜也实在是难得，碧碧绿，鲜鲜嫩，一口咬下去沁人心脾。之后是一盘奶油起司焗面。这是我专门要的，因为这会让我一下子回想起幼时的记忆。厚厚起司冒着浓浓的泡，我好像看到了我的母亲和干妈，抢先一勺塞到嘴巴里，啊哟，我想哭。

就在我们把这些菜统统吃完以后，那道等了45分钟的威灵顿牛肉和土豆炸鱼一起上来了。这是我从来没有尝试过的牛肉，放到眼前才发现，刚刚等待的45分钟绝对没有猫腻。那牛肉简直是金光灿烂，香气逼人。用小刀轻轻割开一看，啊哟！里面实在是有着非常烦琐的步骤，先要把蘑菇、培根、香料等等打碎成泥，然后包裹在牛肉上，再用面粉和黄油做出一层层的面饼，糊在牛肉的外面，又是要冷冻，又是要烤制，十分复杂。

等到这道威灵顿牛肉终于放到嘴巴里，只有惊赞到了无法形容的地步。再割开一小片放到嘴巴里，那里面除了鲜嫩还有着说不出的鲜美，这是蘑菇、培根、香料等等渗透在一起的味道！这道威灵顿牛肉让人不禁感叹做这道菜的人怎么会这样聪明。儿子说："这不是一般的蘑菇，是从日本运过来的，有着特别的香味，还有着说不出的滑爽。"

讲老实话，在一开始的时候，我是带着一种想出出戈登·拉姆齐洋相的心态过来吃饭的，可是在吃了他的威灵顿牛肉以后，只好无话可说。

至于那道土豆炸鱼也是无法挑剔，是我的最爱。原本以为自己在欧洲从城市到农村，已经吃过了许许多多的土豆炸鱼，结果戈登·拉姆齐的完全不一样，他用的是一条很大的整鱼，炸得很透，外脆里嫩，刺也不知道跑到哪里去了，旁边摆上精细修长的红色土豆条，只好说一个字："绝。"

最后要的是太妃糖布丁蛋糕，端上来的时候就是厚实的一大块，只是看上去暗乎乎的，没有什么特别。服务生走过来，随即淋上温热的巧克力太妃糖浆，立刻冒出一股又香又甜、细腻湿润的味道。一口咬下去，不得了，我这是到了天堂啦，那里面是淡淡的黑糖香气，旁边还有一条长方形的物体，我以为是起司，结果是奶油冰激凌！

狼吞虎咽，顾不得吃相，这个戈登·拉姆齐实在是给我上了深刻的一课，任何东西，只要是尽心尽力，都会有好结果。按照地理位置，拉斯韦加斯地处沙漠，所有的食材都要从远处运进来，差了一点点，味道就会大不相同了，这里面包含了怎样一份真诚的爱心啊。

戈登·拉姆齐出生于苏格兰伦弗鲁郡的约翰斯通市，早年是个足球运动员，后来因为受伤，离开了球队，从事餐馆业。他好像拥有28家餐馆，14颗米其林星。这实在是一条艰难的道路，我无法从头描述，只是可以从中了解他为什么如此“凶狠”。

有人说戈登·拉姆齐本人每个月都会有一天亲自到他的店里视察，这件事情在我看来难以想象。他有28家餐馆，每天走一家，几乎是一个月不能休息，他还要写书、做节目等等。这样的日子怎么过？据说他还不允许自己的孩子观看有关他的电视节目。

多数人到拉斯韦加斯就是为了赌钱，我这次过去纯为吃饭，吃戈登·拉姆齐餐馆的菜肴，真的很值！

第二天为了赶路，一大早起床，原本还想等到中午，再去尝一尝戈登·拉姆齐的汉堡，听说也是非常优秀，但是又想了一想，还是留到下一次吧，便和儿子开车离去。

小车开出拉斯韦加斯的时候，街上一片寂静，远途过来的游客们正在休息，而我则无声地向这座城市说再见，心里却不能忘记戈登·拉姆齐的每一道菜，也许有一天我们会到英国去寻找这位烹调大师，这不是一件很有意思的事情吗？

顺便提一句：据说戈登·拉姆齐的年收入高达1500万英镑（约合2368万美元），是世界上挣钱最多的厨师。

2015年金秋

写于美国科罗拉多丹丹的家

科罗拉多州丹佛市的鹿角交易所

科罗拉多是二十多年以前，我到美国时的第一个家，那以后辗转东西南北。可是，每次途中路过科罗拉多，总会流露出同样的激动，我对儿子说："这是我们的老家啊！"

儿子一边开车一边说："知道，知道，所以我已经查好啦，我们要去的第一个地方就是'鹿角交易所'，你肯定没有去过。"

"咦，什么是鹿角交易所啊？我怎么不知道？"

"这是科罗拉多州丹佛市最早的餐馆，现在还在老地方，非常经典的呢。那时候你刚刚到美国，整天为了生存而拼斗，很少去关心这种地方的。"儿子一边说一边朝着 Osage 大街 1000 号开过去。而我自己却开始感伤。

“快点，帮我看好路线，这个地方有点复杂！”儿子没有理会我的情绪波动，只是急匆匆地把导航仪塞到我的手里，我只好转向新的主题。

其实丹佛市的街道一点也不复杂，直来直去，道路都是方块形的，有点像北京，因此很快就找到了我们要去的地方。只是环境有点吓人，那里许多房屋都已经被推倒，看上去有点萧条。我们在专门的停车场停好汽车，小心翼翼地跨出车门，这才看见，在我们的前面已经有几个身穿老式服装的绅士和太太。这些人做出一副老派的体态，让我一下子都不知道自己是在哪里了，只好假装正经，规规矩矩地跟在他们的后面。

进了餐馆大吃一惊，这幢外面看上去普普通通甚至有点破烂的房子，里面却装潢得十分考究，头顶上方暗红的墙壁上是一排排漂亮的动物标本，有鹿、有熊、有虎和豹，还有许许多多看不懂的东西，据说一共有500个动物的脑袋，都是真实的。

下面一段墙壁多数是木头的，里面不时镶嵌着大大小小的油画，角落里还有木头雕刻出来的人物。桌椅是老式的，餐具比较简单。这让我感觉到，这里不像个餐馆，而像一个博物馆。正想着，有人过来，把我们带到一张桌子旁边，便自行坐下。儿子说他要去洗手间，我则一个人东张西望起来。一会儿，我看到桌面上有一张老式的报纸，上面写着“The Osage Gazette”。

我开始阅读，虽然这只是小小的一张报纸，可是无论是排版还是编辑都很专业，我对此发生兴趣。第一条新闻是“世界著名的牛排馆开张于1893年”，文中宣称这是丹佛最古老的餐馆，甚至是科州的第一家具有酒类销售许可证的餐馆。那是在1935年，至今这张标明“NO. 1”的许可证还悬挂在墙壁上。以后，美国的许多总统都到这里来吃过饭，其中有罗斯福总统、艾森豪威尔总统、卡特总统、里根总统。

有意思的是新闻里面指出这里还有一把刀，这把刀是印第安人杀死了白人将军Custer以后缴获的，那帮印第安人专门列队过来，把这把刀送给鹿角交易所的老板，现在正高高地悬挂在餐馆的墙壁上。这让我有一点想不通了，不知道这个老板和他们有什么关系。

接下去还有一条新闻，讲的是当年有一个强盗过来抢劫，他骑了一匹马，带了一把枪，把这里顾客的钱财抢了个精光，然后用枪指着大家说："不许动！"就骑上他的马，准备扬长而去，结果他刚刚离开，便被里面的一个顾客拔出枪来打死。

看起来好像都是天方夜谭里的故事，餐馆刚刚开张的时候，世道不大太平，好像有能力过来吃饭的人，都是一手拿枪，一手抓着大肉排的样子，三教九流样样有。在那种环境里开餐馆，真需要胆量。

我正读得起劲，儿子回来了说："咦，服务员怎么还不过来发给我们菜单呢？"说着他就到后台去要。这家餐馆没有前台，只有后台。细想一下很有道理，当年老板在后台收钱，不是安全很多吗？

儿子到了后台，后台的服务员说，菜单早就放在我们的桌子上了，正等我们点菜呢，儿子又回来找来找去找不到。

这时候后台的服务员跟过来了，她指着我手里的报纸说："这就是菜单啊！"

原来他们的菜单是印在报纸里面的，这不是一张真正的报纸。

我们立刻翻开了报纸，啊哟，那里面是满满当当的菜单，多数是肉。有猪肉、牛肉、水牛肉、鹿肉、麋鹿肉、马肉、鸡肉、鸭肉、火鸡肉、蛇肉、鱼肉等等。因为是午饭，所以价格不贵，只是选择太多了，好像每一样菜都很有吸引力。一时间我们看来看去，都不知道选择什么才好。

终于我们先选定了鹿肉和蛇肉，原本还想要半份 Rocky Mountain Oysters，结果半份会有 15 片，太多了，放弃，服务员一听就笑起来了。

点好菜，继续看报纸，儿子打断我的阅读说："嗨，你看那里有一大群人是麻省理工学院过来的呢，好像是同学会的活动。"

"我们的菜会不会被他们挤到后面，要久等？他们有那么多的人呢！"我有些担心。正说着，我们的前菜过来了，是汤，很浓。我喝了一口，立刻浑身都热了起来。我问儿子，这是什么汤啊？儿子回答："不知道，是他们餐馆当日的例汤。"

喝过了例汤以后鹿肉上来了，有一点像中国菜，一小块一小块切开来的，和洋葱胡萝卜炒在一起，问及他们是怎么炒的，服务员呆了呆说："让我到后面去询问一下。”不一会儿回来了，说：“是烤的。”

又起一小片咬下去，啊哟，好吃，嫩极了。我在其他地方也吃过鹿肉，却没有这么多的鲜嫩，这里的鹿肉咬一口就化了。

想起来了，科州实在是一个吃肉的地方，一路开车过来，总是看到各种各样的养殖场。在朋友丹丹家里住了几天，就在她家旁边的鲜肉市场买一刀新鲜的牛肉，回到家里烤一烤，好吃得一塌糊涂。我正在为这里的肉类欣喜的时候，蛇肉上来了。

这蛇肉有点黑乎乎的，是不是烧焦啦？翻动了两下，看不出蛇肉的样子，一片片的，很纤细，儿子吃了一口，问及是什么味道，儿子说：“蛮奇怪的，有一点像鸡，又有点不一样。”

我挑出一片放到嘴巴里，是有一点像鸡，但是比鸡紧实，有嚼头。仔细查看，他们的烹调方法也是简单的，“烤”字就可以代表一切。再想一想，这也是因为他们的天然条件优越，原料是最好的了，不用在制作上面多花工夫，只要烤一烤，什么都会变成最好吃的了。

这时候，儿子示意我看邻桌一对年轻夫妇的食品，他们正在对付那一大盘的 Rocky Mountain Oysters，当他们发现我们在看他们，立刻表示要和我们一起分享他们的食物，我们谢绝了，我说我以前已经尝过了，儿子也趁机摇头。其实这个 Rocky Mountain Oysters 切得很细，一片片地裹满了面包粉，根本吃不出是水牛睾丸的味道，如果不是很喜欢，一辈子只要品尝一次足矣。

正在我们和那对夫妇交谈的时候，服务员过来了，他让我们选择甜点。我们这才突然发现，这家餐馆的食材非常实诚，两盘子的菜没有空虚的花样，多数是肉类，一块一块吃到肚子里，只有一个字“饱”，最后只好一人要了一杯咖啡。

在我们等待咖啡的时候，我的视线又落到那份菜单上，翻到最后一页，上面介绍这家餐厅习惯运用老家具，后面那张白颜色的酒吧桌子，还是他们餐馆开张之前就有的，都有一百多年的历史啦。看到这里，我忍不住起身，走到了那张桌子旁边，轻轻摸了摸桌角，光溜溜的，保养得很好。抬起头来，遥望窗外，那里是一片金灿灿的阳光，不要去看那些推倒在地上的建筑物，想象一下一百多年以前的风景，这里一定是极其美丽的。

咖啡来了，滚烫浓厚。我轻轻地抿下一口，心底里一下子洋溢起对世界、对生活的一种说不出的感情。

2015 年 12 月

写于美国费城近郊 Swarthmore 的家

到美国南方去

上一次去美国南方已经是十多年之前的事了，那时候因为儿子考上了常青藤大学，马上就要远走高飞，感觉好像是长途跋涉之后终于来到一处可以放心休息的地方，只是一停下来又感觉到有一些失落，于是决定在寒假的时候外出，放松一下。

那一次的旅途比较长远，好像从南卡到佐治亚、佛罗里达到田纳西等地都有我们的车路，品尝了很多好吃的南方特色，可惜都记不得了，只记得最后在可口可乐工厂狠狠地喝饮料，那里怎么会有那么多不同的可口可乐啊？好像全世界的都有，其中还有中国的，是一种我在中国从来也没有看见过的中国可口可乐，我喝了，水果味。不知道现在中国的可口可乐是不是这个味道。

记得那时候走进工厂参观的门票大概十几美金，不算很贵。但是那里面的可口可乐是可以随便品尝的。因为品种繁多，各式各样，根本不可能每一样都尝，我不是可口可乐的粉丝，也被吸引过去尝到大饱。出了毛病的是我家的两个男人，从早待到晚，精神十足地走进去，大腹便便的走不出来啦。到了晚上两个人在旅馆里上吐下泻，还一起发高烧，第二天只好由我开车回家。

当时就发誓，再也不去南方啦！十多年过去了，想起那时候的经历常常会大笑。儿子说："今年的圣诞节我们去南卡和佐治亚吧，那里有很多有意思的东西。"

我没有回答，丈夫抢先说："去吧，你妈妈反对喝可口可乐，我们不去喝就是了。"

其实我已经想念南方了，我想的是《飘》，还有最近又看了一遍的电影《阿甘正传》。我想到了 Savanna 中央大道上一连串的方形花园，那里的长靠椅，那里的弯弯曲曲大榕树。这榕树是把天都遮盖了的。

于是我们动身了，这一次丈夫和儿子一起表示不要我开车，我只需要坐在后座养神就可以了。讲老实话，他们是好意，却让我失落。不过他们开车很快，大半天就开到了南卡和佐治亚交界的地方——Hilton Head Island，我们住了下来。晚餐找到一家被公认为四星半的餐馆（好像这里最好的餐馆就是四星半），便兴致勃勃地出发了。这家餐馆叫 Hudson's Seafood House On the Docks，在 Hudson 路 1 号。

今年这里的冬天不冷，大街上还有人穿着短衫，气候宜人。餐馆坐落在海湾的里面，据说他们的海鲜都是当日捕捞的，非常新鲜。旅游旺季是必须预订的，现在是淡季，所以走进去就有座位了。我们坐到窗子的近处，因为外面已经漆黑了，什么也看不见，我想白天一定很美。

"可惜了，看不见外面的美景。"话音未落，丈夫打断了我的话语说："不要煞风景好不好，你看，我们的前菜来了。"

真的呢！大大的一盘子新鲜牡蛎，这是我和儿子的最爱，丈夫不喜欢生吃海鲜，所以要了一盘烤过的，还没有上来。不去管有没有美景了，用手抓起一个，挤上柠檬就放到嘴巴里："啊哟，好吃，新鲜、鲜美、奶油，我都形容不上来啦！"

儿子坐在对面说:“加一点他们的酱料更有味道!好吃极了!”

我加了一点点说:“这是因为这里的牡蛎新鲜还是品种特别?怎么和我们那里的不一样啊?”

坐在一边的丈夫看着我们母子轮流叫好,也忍耐不住拿起了一个生牡蛎放到嘴巴里,不料,这下坏了,他也大叫起来:“噢,你们是对的,这东西好吃,好吃,我再去要一盘过来。”

结果这一个晚上,我们不停地吃生牡蛎,一盘又一盘,一直吃到饱,连主菜也没有要。回到住处生怕出毛病,捧着肚子在停车场上一圈一圈地走,还好都很正常。第二天前台的女孩子知道了,便笑着告诉我们:“这里的海鲜都好吃,你们还应该去尝尝我们老百姓最喜欢的海鲜店,‘The Sea Shack’就在这里Executive Park路6号。”

我们去了,这是一家看上去好像快餐店一样的店铺,很一般,但是有介绍说,繁忙的时候会排队两个多小时,所以我们去得特别早,店堂刚刚开门,我们就冲进去啦。老规矩,我先抢好座位,他们父子排队选菜。这有点像麦当劳,先要站在柜台前买单,又和麦当劳不一样,买好单要坐到位子上，有服务员会送过来。

看了一遍这家饭店的菜单吓了一跳，这家小小的店铺怎么像一个海鲜大餐馆？只要是海里好吃的东西，他们都有，竟然还有鳄鱼呢。我们当然挑选了外面吃不到的，没有吃过的海鲜，包括了鳄鱼和一些听也没有听到过的东西。大快朵颐吃到连晚饭也吃不下了，发现只有十几美元一个人，特别是因为东西奇特，很值得。

第二天，我们开车过桥去了 Savanna。Savanna 是我喜欢的地方，记得十多年前，这里没有什么人，走来走去非常幽静，坐在市中心的方形花园里，周边都是古老的市景，据说南北战争的时候，Sherman 将军从亚特兰大一路打过来，每到一个城市就烧毁一个城市，到了 Savanna，有人请他大吃大喝，之后他写信给林肯说，他要把这个城市留下来，作为圣诞的礼物送给总统。

听了这个故事，心里感觉到说不出的悲哀，周边那么多的古城都被摧毁了，心痛。不然的话我们还会有很多有意思的地方呢，这些都是祖先的遗产。但是又一想，幸亏 Savanna 的东西好吃，因为有好吃的，才会留下这个小城，真应该好好谢谢那些烧饭的大师傅。

从我们居住的南卡到Savanna真的不远，只有半个多小时的车程。到了Savanna，丈夫背着相机到处拍照，儿子钻进一家旧书店，一时不会出来。我则坐到了我喜欢的方形花园里看人、看街景、看小说。对了，我在前面说过十多年以前，这里没有什么人，可是现在不一样了，不仅有人在街上走来走去，还有很多人坐在花园里，一对小男女趴在花园的草地上亲吻。世界变化太快了，原本南方是比较保守的地方，现在什么新鲜事都有。

我看着看着，不由为自己的古板笑出声来，旁边一对老夫妇开始和我搭讪。他们告诉我很多故事：大理石粉贴出来的墙面、犹太人的教堂，还有阿甘坐过的椅子。我感到很温馨、平和，真希望这个世界永远是这样的。

太阳升到了头顶又斜向西边，天渐渐地黑了。手机响起来了，丈夫在那头大叫："吃晚饭啦，我们已经坐在餐馆里啦，你快过来，不很远，走几条马路就可以了。"

我说："才几点钟就吃晚饭？餐馆开门吗？"

儿子在他爸爸旁边大声说："不早啦，这里已经有很多人了，饿死啦！"

这才想起来中午没有吃正餐，于是起身向着餐馆走过去。这家餐馆叫“The Olde Pink House Restaurant”，在Abercorn街23号，据说是这里最古老最高级的一家，餐馆的房子比美国的年龄还大。后来我把照片发给了在科州的丹丹，她立刻跳将起来打电话询问：“你们靠什么订到了这家餐馆的座位？”

“靠幸运！”我们三个人异口同声。

真的，真的是靠幸运呢，这家餐馆空间不很大，但是挤满了桌子，坐满了人，服务员来回走动都要侧转身体。我走进餐馆的时候，丈夫和儿子已经点好了菜，我便坐了下来。因为每天都在吃海鲜，这次决定加一道肉类，儿子选中了炸鸡，我有点不以为然，全美国到处都有炸鸡，有什么好吃？

不料这道炸鸡就是不一样地好吃，看上去很一般，但是吃起来皮是极脆，里面的肉是酥软，而且湿润很有滋味，这在其他地方都是罕见的。我吃了又吃，几乎把那一盘吃光。丈夫和儿子叫了鲜鱼，我尝了尝，也是好吃。那些鱼都是很奇怪的，过去从来没有吃过，非常鲜美。最后虽然已经吃饱，但仍旧叫了一份甜点。因为我发现南方的甜点都很好吃，简简单单，不会有很重的发腻的味道，干干净净恰到好处。

对了，我想起来了，十多年以前来到这里，总觉得这里的菜肴齁咸，于是告诉朋友们，美国南方的食品不是齁咸就是甜，这次完全不一样，他们改变了。吃完饭走在小街上，这里已经开始安静下来，一位老太太走过来问我们需不需要帮助，这在美国的东西部已经少见，可是在这里很自然。这让我想起来很早很早以前，刚刚到美国来的时候，住在美国的中部，那时候这种事情很多，我很想念……

又过了一天，是圣诞节，几乎没有餐馆开门，丈夫说:“回家吧，回家去吃饭。”

2015 年 12 月

写于美国华盛顿近郊的 Bethesda 电池街

米其林一星中餐馆—— 倾城饭店

“刘辉说要请我们到纽约的中餐馆去吃饭！”我放下电话向大家宣布。

“中餐馆啊？还不如在家里吃妈妈做的饭，又好吃又卫生。”儿子一边打字一边说。

“人家诚心诚意请客，总归应该去的。”丈夫放下手中的书说。

我笑着对儿子说：“你不去拉倒，这是你自己选择的哦，知道吗，她要请我们到一家米其林一星的纽约中餐馆，很难订位的，因为她和老板的妈妈是朋友，所以可以插进去。”

“米其林一星？中餐馆？真的还是假的？让我先查一查。”儿子放下手中的工作，立马转入“吃货”的网站，又立刻大叫起来："真的是米其林一星！我去的，当然去的，先谢谢刘辉阿姨。"

我大笑。蛮奇怪的，长期以来，一讲到中餐馆总归就是便宜、不干净等一连串贬义的词汇，很难把中餐馆和高雅联系在一起，更不要说米其林了。连我也有些不能相信中餐馆可以有米其林一星的事实。讲老实话，吃中餐，我还是趋向于回中国吃，那才是真正的"中餐馆"，无论是食材、品味，还是环境，真的样样好。

然而到了美国就是另外一回事，中国城里的小摊头，卖卖面条、包子、饺子、馄饨，就可以算是中餐馆啦，当老板的人又要当大厨，又要当跑堂，当领位，好像什么都做，一直到最近有所改变，常常看到这些小老板，苦着脸站在街头诉苦："生意不好做，竞争太激烈。"

再接下去，就会看到"倒闭"。我没有去关注"倒闭"的原因，只以为这些都是正常的。现在看到中餐馆有米其林一星的消息，一下子感到欣慰，就是应该这样的啊，这才是中国餐馆应该有的地位。

米其林是什么呢？据说是1900年的时候，在巴黎世界博览会期间诞生了一本《米其林指南》。这是做汽车轮胎的米其林公司的老板——米其林兄弟创办的，主要是将地图、加油站、旅馆、汽车维修、餐厅等有助于汽车旅行的资料集合起来，免费提供给大家。后来到了1920年，米其林兄弟发现他们的《米其林指南》被大家当作工作台的桌脚补垫来用，一气之下决定从当年开始取消免费提供，改为售卖。渐渐地，这本书又被美食家视为至宝，被誉为欧洲的美食圣经。

现在这本《米其林指南》里共有70名专职监察员，他们的身份对外是保密的，但是深藏在他们心里的，是同样的传统与苛刻。每踏进一家餐厅，这些人就会从装修的品位、餐具的质量、侍者的态度和姿态、装盘的技巧等方面进行严厉的审查，最后根据烹调水平定出星级。

以前可以获得米其林星级的餐馆，好像都是西方货，这次仔细一看，发现迄今为止，在美国有三家中餐馆获得了米其林一星，我们要去的倾城（Cafe China）就是其中的一家了。

这天一大早，刚刚收拾停当，刘辉已经打电话过来了，她一边让我们小心开车，一边让我们不要迟到。我说:“你这是要我们慢点开车还是快点开车啊，放心吧，这么好的餐馆，我们一定准时到。”

刘辉笑着说：“没有要你们开慢车也没有要你们开快车啊！只是想你们啦，希望你们安全早到！”

原本是预备好了足够的时间，不料一钻过隧道，进入纽约就开始堵车。纽约的堵车是要人急出毛病来的，只好让儿子换一条马路，结果换来换去都堵车。想到刘辉全家早已等在餐馆门口了，急得我发昏。无奈，只好听天由命了。

还好只晚了五六分钟，到达倾城的门口。老远就看到刘辉站在那里心急火燎的样子，到了跟前她一再说不急不急，她说：“老公和女儿早就占好了座位，人一到就可以上菜啦！”

大家都是老朋友，一进餐馆，大人就和大人坐到一起，孩子和孩子有他们自己的兴趣，结果两家大人还没有寒暄完毕，两个孩子已经开始点菜。不一会儿，一大桌冷菜热菜都点齐了，刘辉的丈夫想要加一盘甜点，我连忙说：“够啦，够啦！这么一大桌子，吃不掉啦！”

刘辉也轻声说：“早上已经到市中心买好了小东最喜欢的蛋糕，还有质量很高的老酒和咖啡。西点一定比东方的点心灵光，在这里吃完午餐回家慢慢品尝。”

“好，好，东方菜，西方点心，太美味啦！”丈夫一听就开心起来。

正说着，服务员过来上冷菜。那是鸭舌、夫妻肺片、麻辣兔丁、酸辣菜，还有一大盘担担面。一眼看上去就和一般的中国餐馆有些不一样，一盘一盘干干净净，摆得漂漂亮亮。因为吃客太多，空间相对紧张，服务员特别当心，走来走去都会侧着身体，微笑着为大家服务。

刘辉和我有着二十多年的交情，相互不会客气，菜肴刚刚摆上来，筷子就伸了出去。

“哦哟，这只鸭舌好吃，很有味道。”刘辉的老公金老板称赞道。

“这是我叫的！”儿子得意地说。

“章阿姨，快吃这道夫妻肺片，我挑的。”刘辉的女儿说。我连忙夹起一片放到嘴巴里。不得了，这道夫妻肺片怎么这么好吃，食材优良，而且切得很细，一小片一小片又嫩又滑。

其他的菜也是好吃，关键是精致，不会乱七八糟的。我们刚刚把冷菜吃得差不多的时候，热菜上来了。因为没有忌口，所以鸡、鸭、肉、鱼都齐全。我不敢一一评判，但是每一样的味道都很正宗，辣得很过瘾，麻到全身，原来这是一家四川餐馆。

我有一点奇怪了，刘辉是我上海隔一条马路的邻居，她的朋友，也就是这家四川餐馆老板的父母，也是上海人，为什么上海人会开出这么一家成功的四川餐馆呢？刘辉看着我笑了笑说："老板马上就要来啦，你自己去问他吧。"

正说着，一个身着中式服装的中国人走进来了，第一眼就可以看出这个人是个受过高等教育的人。他先是客气地向刘辉打招呼，再三抱歉自己的晚到。原来这位老板最近又在四十分钟路程之外的地方开办了第二家餐馆，样样新起头，要想做得好，只有多操心。我在旁边听了，不由肃然起敬。问及上海人为什么会开四川餐馆，他回答："我很小的时候就到美国来了，虽然是上海人，但对上海菜的概念不很深，无论是四川菜还是上海菜，都是中国菜，只要好吃，我就喜欢。"

老板姓张，他告诉我，他实际上是一个很"疙瘩"的人，在吃的方面特别挑剔，不管是在大学里读书的时候，还是后来工作的时候，常常会对食堂里的伙食不满意。这时候我才知道他的专业是计算机。

最近几年计算机行业兴旺，为什么会转向餐馆？

“不顺利”，张老板没有过多的解释，只是直接告诉我们，一离开了计算机业他就立刻转向餐饮业。夫妇两人齐心合力，立志要在餐饮业做出名堂。他们从社会经济到市场走向，以及现代人的习性和爱好等等都做调查，最后决定开这家四川餐馆。

老板娘是个精益求精的人，当她看到他们重金聘请过来的大厨在用味精，气得不顾一切地当着大厨的面就扔了出去，她说:“这种东西是不可以出现在我们的厨房里的。”

老板娘也不允许使用罐头食品，因此倾城的采购总归是件大事情，他们专门到信得过的菜市场一一挑选，有的时候是大厨出场，有的时候就是老板和老板娘亲自出动了。听上去这些都是小事情。但是真正做到，而且坚持下去，并不是一件容易的事情。

被问及第一次被定为米其林一星时的感觉，张老板笑起来了，他说:“那已经是三年多以前的事情了，那时候我们对米其林一点概念也没有，有人给我们打电话，说我们拿到了米其林一星，我还以为朋友和我开玩笑，根本没有当是真的，后来报纸上报道了，这才吓一跳，意识到这竟然是一件真的事情。”

老板又说：“我们并不知道那些评委是什么时候过来的，他们吃了什么我们也不知道，只是从这以后，我们更加认真，认认真真地做好每一道菜，把每一个顾客都当作最要紧的客人，用心工作，就是我们以为的最要紧的事了。”

张老板讲得很轻松，但是我却感觉到了他的辛苦。美国有那么多的中餐馆，能够拿到米其林一星的不多，而他们一连三年都榜上有名，这就更加不容易了。我回到费城以后，曾经想给他打电话，但是刘辉告诉我：“他们夫妇回中国大陆去了，不是旅游，而是为了开发新的菜品。”

我听了无语，仔细想一想，要保持米其林的称号，实在不是一件容易的事情。

2015 年 12 月

写于美国费城近郊 Swarthmore 的家

华盛顿的北京饭店

刚刚在北京的全聚德，大快朵颐地把正宗又美味的烤鸭吃到撑肠拄腹，回到美国华盛顿，儿子一看到我就说：“嗨，明天我们去吃这里最灵光的中国烤鸭，我已经订好座位啦！”

“烤鸭啊？华盛顿会有最灵光的中国烤鸭？你是不是想吃中国菜想得糊涂了？”

“不要小看这家烤鸭店好不好？人家已经开张四十多年了，是家高级餐馆。”

“哦哟，四十多年的中国餐馆啊？不会好的。根据妈妈的经验，除了百年老店，多数中国店都是新开马桶三日香，过了两三年就每况愈下了。上海那家你爸爸最喜欢的，就是在锦江饭店门口的苏浙风味的餐馆，这次回去有朋友请客，品质大为下降，连一只菜包子也是硬邦邦的，咬也咬不动，扫兴至极。”

“不要煞风景好不好，儿子推荐的，一定有道理，我们还是去尝一尝。”丈夫在旁边插话。我只好闭上了嘴巴。

第二天是周末，他们父子俩一大早就准备就绪，兴致勃勃准备上路，我说：“刚刚十点敲过，这是吃早饭还是吃中饭啊？我时差还没有倒过来，让我再眯一会儿吧。”

儿子说：“快点起来，这家店十一点钟开门，到了十二点钟就要排长队啦，虽然是订到了座位，也会排队的。还是早一点去好，就算是早中饭吧。更何况他们坐落在弗吉尼亚州，开车最少半个小时。”

就这样，我糊里糊涂跟在他们后面上了小车，坐到后车座上。不知道是怎么一回事，导航仪显示的都是小路，没有上高速公路，而是在僻静的豪华住宅区当中转来转去。有些路口还撑着一张铁皮，上面写清楚除了周末，平常的日子在这里是不可以随便出入的。看起来导航仪是故意让我们在周末领略一下华盛顿地区富豪的生活区。

我半醒半睡，也不知道过了多久，小车“嘎”一声停稳在一个停车位上，睁开眼睛一看大叫起来："走错地方了吧，所谓的高级餐馆怎么一点派头也没有？就好像上海小马路上的小食店。"

走到跟前，只看见玻璃橱窗糊着报纸，一张种植大蒜的照片比较醒目。抬头一看更加吓一跳，那个门面上竟然大大方方地写着四个字"北京饭店"，旁边还画着两只小鸭子。这实在和我心目中北京的"北京饭店"天差地别，老板的胆子也太大了吧，怎么敢堂而皇之称自己是"北京饭店"？

老远过来，不能过门不入，只好硬着头皮推开那扇门，里面竟然是一条无人的走廊，右手边的墙壁镶满了镜子，更显空旷。后来才知道再晚一会儿，这里就要挤满排队的吃客了。而当时我只好面对镜子里的自己无可奈何地点了点头，又推开了第二道门。

哦哟，我大吃一惊，缠绕在头脑里的时差问题一下子离开了。没有想到门里门外完全是两回事。径深的店堂，摆满了铺着雪白桌布的餐桌，上面是裹着餐巾的中西式餐具。因为我们早到了，餐馆还没有开门，但当日的领班还是先一步走到我的面前，笑着说："你是我们今天最早的客人，请进。”

当她知道我们是第一次光顾的新客，立刻让我们自选餐桌。坐定下来，就有服务员递送茶水、茶杯和菜单。餐厅里没有窗户，完全靠电灯照明，不像中餐馆，倒有点老牌的欧洲风格，特别是周边的每一面墙壁上，都挂满了重要顾客的照片。其中还有很多是美国重要的上层人物，甚至白宫人物。丈夫在一边说：“你看，这里面有老布什、小布什还有克林顿的照片，这些总统也来吃过饭吗？”

“来过好几次了呢，有一次老布什座位也没有订，就来了。当时客人很多，他挤进来，坐在大堂里，就是你们今天挑中的桌子。他很随和，高高兴兴地和大家打招呼，然后用餐。”大堂经理走过来说。

“总统也是从这扇门走进来的吗？”我对那扇小门总有些如鲠在喉的感觉。

“是的，也有的时候，客人比较多，保安就会要求走另外的门，直接坐到餐桌上，不会影响我们的营业。他们来了，我们便用屏风把他们的餐桌拦一下，他们坐在里面，保安、工作人员坐在外面，我们的客人也会坐在旁边其他桌子上，美国的总统是很亲和的。”大堂经理说。

“今天会不会有总统过来？”我问。

“不会吧，因为现在的总统奥巴马从来也没有来过，据说他比较喜欢汉堡包，没有看过他吃烤鸭。”经理说。

我连忙问：“总统来了都是吃烤鸭的吗？你们的烤鸭灵光吗？”

“尝一尝就知道了……”

我连忙回到座位上打开菜单点菜，一看这里的烤鸭要比其他中餐馆贵出很多，43美元一只。其他菜的价格也稍稍偏高，但是和西方餐馆相比不算昂贵。我们在服务员的介绍下要了一只烤鸭、一份蒜苗，还有椒盐大虾、酸辣汤和蔬菜饺子。原本以为烤鸭要等很长时间，不料没有过多久就上来啦。只见一位大师傅，端着一个大盘子，上面放着一只整鸭走过来，后面的助手搬过来一只折叠架子，还有其他片鸭子的工具。大师傅把鸭子安顿在架子上，就开始操作了。

这时候我发现这只烤鸭和全聚德的完全不一样，好像要比全聚德的小一大半。全聚德的烤鸭端上来油光锃亮，这只烤鸭却有点干瘪，全聚德的烤鸭颜色偏红，这里的烤鸭黄蜡蜡的……

我站起身子凑到跟前观看，发现这只鸭子的肥肉很少，一点点流油的部位，都被大师傅剥落干净，两盘鸭肉鸭皮干干净净地端到桌子上，服务员仔细地为我们示范卷了一只鸭卷，规规矩矩地放在我们的眼前，我抓起来一口咬下去，好吃！

这只烤鸭完全是另一种味道，是我从来也没有尝试过的味道。不油腻，但是又香又脆，鸭胸脯不仅不柴而且鲜滑有味，这种胸脯肉要烹调到味道十足，实在不是一件容易的事情。一个服务员透露："我们的鸭子在进烤炉之前，要有两天的准备。"

两天？什么样的准备？有什么奥妙？我想起在北京的时候，曾经到大董餐厅的厨房参观过他们的烤鸭程序，于是觍着脸要求："可不可以让我参观一下你们的厨房？"

"不可以。"服务员微笑着，却没有通融的可能。我又去询问经理，同样碰壁。后来挖空心思、想方设法地打听，终于得出一个结论，就是他们用的烤炉和大董是不一样的，没有机械设备，而是老式的，高高一个圆筒炉子，一次吊烤四十只鸭子。

一次吊烤四十只鸭子，一天销售一两百只，到了周末是两三百只，节假日更多，这只烤炉的工作量真大，那么人呢？工作人员呢？这里有多少个工作人员啊？一位资深的服务员回答说：“这里一共有八十多个工作人员，光经理就有四个。”

环顾四周，这时候店内的六十多张餐桌已经坐满，杯盏交错当中，服务员们来来去去井井有条。角落里有一个老人过生日，几乎每一个服务员都跑过去为他唱“生日快乐”歌。

旁边吃客介绍说，这家店从来不登广告，都是朋友传朋友，熟人带熟人自己找过来的，他们过来还是因为到北京吃烤鸭，在北京的烤鸭店有吃客介绍了这家店。还有一个吃客说这里原本有一位老吃客，自这家店开张不久就到这家店用餐，夫妇两人每天来，一共来了三十多年，直到老先生离世。这个故事有些悲凉，仔细想想又非常美丽。

抬起头来又发现，这里的吃客常常会相互打招呼，据说都是这家“北京饭店”的老吃客，他们除了过来吃饭以外，还会交朋友。店堂里的气氛很好。坐满的三百多个吃客当中多数是外国人，中国人少，是不是不做广告的缘故？旁边来了三位东方人，一开口原来是韩国作家。再过去的火车座上是日本人，这种中餐馆的经验在我几十年的美国生活中很少见。

正想着，儿子夹了一大筷子的大蒜苗给我，我说：“这是什么呀？怎么不像蒜苗像韭黄啊？”

“不是韭黄，韭黄是扁的，这是滚圆的，你吃吃看，很有嚼头，很香。”丈夫说。

儿子接下去说：“知道吗，老板是山东人，后来到了香港，七十年代到美国，一来就开了这家烤鸭店，那时候没有中国的青葱大蒜，他为了追求他的中国味，就购买了五十多公顷土地，专门种植青葱大蒜等中国货。”

不知道为什么听了这个故事我有些感伤，为了做烤鸭，还要自己开荒种地，多么辛苦！一磅美国大葱一美元左右，一美元大概种不出一磅中国小葱，有点不值得。可这就是早年漂洋过海的老华侨，会把每一份遥远的思念，落实到自己的千辛万苦之中。

山东老板不登广告，不扩张餐馆，我不知道他有没有吃过传统的北京烤鸭，他的烤鸭是他想象出来的创造呢，还是北京烤鸭原本就应该像他的烤鸭这样？这是完全不同的烤鸭。我只好猜想他一定是个威严固执的老先生，不然的话，他的儿子和孙子怎么都遵循了他的意愿，从美国的大学化学系毕业以后，又回到餐馆，默默种地、烤鸭，四十多年不变。辛苦为了自己，更为了下一代，这实在是最名副其实的“北京饭店”。

到香港去喝粥

从美国飞到香港需要十多个小时，到了最后已经是浑身酸痛了，不少旅客都在窄小的空间里走来走去。而我则坐也不好站也不好，最后到蓄水龙头旁边接了一杯白水。这时候发现那里聚集了一小群广东人，仔细一听，原来他们都是从香港来的，于是顺便询问："香港什么东西最好吃？"

"粥！"

"什么？粥？粥有什么好喝的？"

"哇，没有喝过香港的粥？怎么这么老土啊。"

这算什么名堂？一开口就被人说"老土"，想了想不甘心，分辩说："我在上海长大，每天早餐都喝粥。"

可是那几个香港人一听就笑道："那算什么粥，隔夜饭加点水煮煮，米都没有煮透，就端上来吃，那是咽都咽不下的东西。”

“你们早餐喝粥啊？我们在香港全天都可以喝粥，这是我们最普通、最要紧的美食。”

我无话应对，只好硬着头皮没话找话地询问：“香港这么大，哪家粥店最有名？”

“生记！”不料真的有个名店，在场者异口同声地叫了起来，还有人说：“一下飞机就去那里！”

我只好暗自记住这两个字，心想：到了香港一定要去尝一尝这家店的“粥”！

没想到下了飞机入住酒店，隔着巨大的玻璃就看到对面有家粥店，店门横在街道旁边一大排，走进走出的顾客络绎不绝，比美国购物中心的人还多，于是抓住丈夫和儿子前往。

讲老实话，我们家的男人是不喜欢喝粥的，我是想方设法地把他们骗进这家粥店的。一进门大吃一惊，这里怎么这么庞大？好像一个大操场。大家先在购物窗口排队、付钱、拿粥，然后就到餐桌旁边，找到座位安顿好自己便大口吞咽起来。这里的座位很多，都是围拢在一张张的长桌子旁边，整整齐齐。我看了看心想：怎么会有这么多的人来喝粥，估计超过了百人，好像美国大学的食堂。

吃客们多数是年轻人，他们的动作很快，很快地买粥，很快地喝粥，很快地喝完，然后收拾干净，收拾碗筷，放到指定的地方，最后离开。服务小姐立刻过来擦洗干净桌面，新的吃客坐上来。丈夫说："很卫生。"

我们三个人每人要了一碗粥，好像是比内地的粥好吃，我很满意。回到酒店告诉前台的经理："我们到对面马路喝粥啦！"

前台经理瞪大了眼睛说："这有什么稀奇？这家店只不过是这里上班族充饥的地方，要喝粥去'生记'，那里才有我们香港最好的粥。"

哦哟，又是"生记"，看起来这是一定要去的地方。隔天起床，穿戴整齐，就对丈夫和儿子说："我们去香港上环看看，听说那里很热闹。"

于是出门上车，很快就到了那条小小的毕街。下了出租车，我开始寻找"生记"，结果在那里绕来绕去好几圈，也没人看到那个7—9号的门牌，儿子说："这哪里是一条街，简直就是一条小巷子。人行道又窄又不平，千万不要摔一个大跟头啊。”

丈夫说：“我饿到发昏，市中心有那么多的餐馆都错过了，怎么还在这个地方转。”

我不说话，抬着头看门牌。终于在一条横马路上看见一张招牌，上面写着“生记清汤牛腩面家”的字样，两边还有“专业粉面”和“冷热饮品”几个小字。我刚刚想要抬脚上台阶，可是再一想，好像有点不对，真的不对，我这是找到了“生记”，遗失了“粥”。

“粥”在哪里啊？我要发火，却找不到发火的对象，只好忍着饿，继续寻找。家里的男人们已经开始抗议，他们站在一边准备打车回市中心。我一个人朝着小路转过去，我不甘心，我一定要找到“粥”。

“粥”！啊呀，我找到“粥”了，就在一条更加嘈杂的小马路上，我看到墙壁上有这么一个牌子，上面满满当当地写了几个字：“生记粥品专家”。一定就是这家，门口有人排队，一时间，刚刚的疲惫和抱怨统统化为乌有，我大叫：“快点过来，过来，排队喝粥啦！”

“哦哟，我还以为是什么好地方呢，怎么这么，这么……”丈夫没有把话说完，儿子已经挤在一对小夫妇旁边坐了下来，他说:“坐下来，坐下来，一会儿连这两个座位也没有啦。”

“这里哪有两个座位啊？”丈夫问。

“一个在儿子的旁边，另一个在小桌子下面，拖出来挤一挤就可以了。”我说着就快手快脚安排好了一切。五个人围在一张小圆桌的旁边，不仅仅是挤，甚至连动一动也困难。丈夫和儿子开始研究粥单，我则抬起头来四处打量，这里也似乎太简陋了吧，有点像我小时候，上海弄堂口的老虎灶，只是比老虎灶多出许多人。我刚刚坐定，就发现背脊后面热浪滚滚，原来那里有一个炉台，正在烧煮。

我还没有注意到丈夫已经点了粥，一个干净利落的女人很快就把滚烫滚烫的三碗粥端上来了，她一边对我们说:“小心，小心烫。慢慢喝，还需要什么，随时告诉我。”一边又对同桌的夫妇说:“好喝吗？要不要再添一碗？”

“好喝，好喝，我一会儿还要。”儿子在旁边说。我吓一跳，转过眼睛，看见儿子顾不上烫，已经开喝啦。

“慢点，当心嘴巴烫出泡！”我急忙说。

儿子顾不上回答，用手指了指我的碗说："好喝，好喝，从来也没有喝过这么好喝的粥。"

"真的吗？你是不是刚刚饿昏了，现在什么都变得好喝了？"我问。

"好喝，真的好喝。你快试一试。"我们家最不喜欢喝粥的丈夫也这么说，这倒要让我对这粥刮目相看了。不得了，怎么是满满的一大碗啊？我小心翼翼地把碗移到自己的近处，没有潽出来，也没有晃来晃去，而是扎扎实实地呈现在我的前面了，我猜想这是一碗鱼腩粥，不对，有鱼丸，还有很多我叫不出来名字的东西。

我想，"生记"一定会有他们自己烹调鱼腩鱼丸的秘方，然而烹调粥，又会需要什么特别的技巧？不就是米加水煮一煮？哦哟，不一样，他们的粥真的不一样，简直烹调到了绝妙的境地。看上去透明又浑厚，喝到嘴里顺滑敞爽，让人不能停口。据说这是他们大清早就有专人起来熬制的，里面加了大量的骨头和海鲜，不仅需要火力，还需要人花力气来搅拌。看起来这粥里一定注入了他们的秘密功夫，难怪我在家里怎么也煮不出这样的味道呢。

一会儿我的粥喝完了，还没有来得及再要一碗，突然发现儿子碗里除了鱼腩之外还有猪肝、猪腰等猪内脏？是不是搞错啦？我的儿子从小在美国长大，从来不会去碰这种东西。儿子看到我瞪大了眼睛立刻说："我的这碗粥叫及第鱼腩粥，特别好喝，我已经要了第二碗啦，你要不要也来一碗？"

"你知道碗里那块东西是什么吗？"我小心翼翼地发问。

"猪大肠啊！好吃，放在嘴巴里好像会化掉一样，你尝尝。"他一边说一边让我在他的碗里舀了一大勺。讲老实话，我好像想不出来以前有没有品尝过猪大肠，心里有些发虚。奇怪了，这片猪大肠放到嘴巴里居然没有一点点异味，有的只是鲜美，我被震慑了，又舀了一勺，最后干脆要了一碗。真是有滋有味，难怪我儿子会这么喜欢，他还教我在粥里加油条、葱姜丝和豉油，一副老吃客的样子，我笑了。

"不要笑，不要笑啊，我也是刚刚从他们这里学到的。"儿子说。这时候我才发现，儿子的师傅原来就是和我们挤在一个桌子上的那对夫妇。那对夫妇告诉我，他们是台湾人，住在大海对面的台北，刚刚结婚不久，趁着还没有孩子，就每隔一个周末坐飞机过来喝粥、吃点心，放松一下，晚上再坐飞机回去，明天是星期天，休息休息，后天就要上班啦。

真好，隔着大海的邻居，想要喝粥了，就坐飞机过来，看起来这两个人的生活很轻松。于是发问："为什么不多住一天，明天喝了粥再回去呢？"

"哎呀，你不知道吗，这家'生记粥品专家'星期天不开门的呢。"他们异口同声地说。

原来如此，看起来我今天真是有福了，不然的话，明天过来喝不到粥，只能吃到个闭门羹。想到这里，我又多叫了一碗粥，午饭也吃不下了。结账的时候发现，一家三口吃到撑胀，一共只有一百多港币，超值！最后站立起来，先和那对幸福的小夫妇道别，然后直接回到酒店休息。

蒙蒙眬眬地听到儿子不知道在和什么人打电话，他说："我要请你到香港来喝粥！"

2013 年 10 月

写于美国圣地亚哥太平洋花园公寓

香港南丫岛上的大排档

香港的南丫岛是在我还没有去过香港的时候就熟识的了，真的熟识。那是因为2001年的时候出了一部电视剧《美味情缘》。这部电视剧把我们全家的魂都系进去啦，倒不是因为里面纠葛的男女情爱小故事，而是令人垂涎的美食。

还记得，那时候儿子正在读大学，每到周末就会打电话过来讨论电视剧里的新鲜菜肴。“百里鲜”里的三道招牌菜：煎封黄脚鲤、上汤焗龙虾、糯米焗蟹煲都被我们背诵得滚瓜烂熟，只是怎么也做不出来那个“天下第一鲜”的味道。所以还没有踏上香港的地盘，一家三口就已经做好准备：一定要到南丫岛去。

只是到了香港，一出机场立刻发现，要实现这个计划有点困难，首先就是语言不通，加上人生地不熟，简直就是瞎子摸象。正在发愁，丈夫的老同学，香港浸会大学的教授 Tim 先生打来了电话，说他和太太将开车过来陪伴我们，太好了。

这天一大早，Tim 夫妇过来了。他们带着我们在拥挤的街道上转来转去，没有想到这两个香港人也没有去过南丫岛，他们的解释是:“香港这种小岛多得是，我们的老家就在另一个小岛上！”

说着就熟门熟路地把小车开到了位于中环的码头。下了汽车还没有开始行走，已经热出一身大汗。看了看温度表，也就是 30 多摄氏度，怎么比北京的 40 摄氏度还闷热？湿乎乎的，很不爽。

可是香港人好像不怕热，码头上人来人往，热闹得像是赶集。因为人多路窄，不时地还会和来者碰撞，对方的汗水立刻沾在自己的身上。到了近处又发现，这里要去南丫岛的人很多，排队排了好几个圈，看起来最少要等一个小时。我怕热，心里开始打鼓。还好挤进人群当中，突然发现里面还有一条短队，便抢先排了过去。

很快就上船了，大概半个多小时，轮船到达了对岸，还来不及表彰自己的聪明举动，丈夫大叫起来：“错了，我们上错船了。”

原来南丫岛有两个码头，一个叫索罟湾，一个叫榕树湾，一南一北，我们想要去的餐厅在榕树湾。我带大家排错了队，上错了轮船，到了索罟湾。南丫岛不大，环境很好，多是绿色植物，却没有行车的路，所以没有汽车，没有自行车，唯一的交通工具是两只脚。当地人看了看我说：“像你这样的人，最少要走两个小时。”

昏倒！我听到这话几乎就想别转身体上船回香港，再去排队坐另外的一条船。但是这样来来去去，时间太长了。正在进退两难的时候，儿子发现码头上有张英文广告，好像是有私人小船可以接送，但是价格昂贵。

丈夫说：“别无选择，再贵也只能……”他的话还没有说完，Tim 太太已经拎起手机联系，噼里啪拉一大堆听不懂的广东话飞了出去。几个来回以后，她放下电话对我们说：“讲好啦，我们到码头边上的滩头上去，小船一会儿过来。”

我们急急匆匆地赶到那个船老大约定的地点，只看见有一条机动小舢板从水面上飞驰过来，来不及询问是否安全，两只脚已经踏上了船。刚刚坐定，小船就蹿了出去。轻微的海风吹过来，立刻浑身舒畅，把一时间的烦恼、炎热统统扫光。舒适地迎着起伏的波浪眺望美景，心想:“坐这小船很值，让我们领略了香港的另外一面，安静悠闲，下次有机会再来的话，我还会坐小船。”完全忘记这种小船很容易出事故，后来朋友知道了我们的举动都说:“危险，性命交关。”

小船很快到达了对岸，跳将起来支付船钱，这才发现，价格比贴在墙上的广告低出一半以上。后来知道这是Tim太太的广东话的作用，以后到香港，一定不能忘记要和可以说广东话的人在一起。

一行五人轻松地踏上码头，第一眼认出来这就是《美味情缘》里每一集都会出现的水泥大道，立刻就好像看到了老相识一样，三脚两步地跳了上去。

“就是这条路啊！”儿子说。

“和电视里一模一样的呢！”我说。

“快，老公，帮我们拍一张照片啊！”我又说。可是丈夫到哪里去啦？原来他已经快速地走进了前面的小街，去找那家“百里鲜”了。结果“百里鲜”没有找到，或者可以说原本就没有“百里鲜”。“电视剧里的故事怎么可以当真？”一个游客说。

还好小街旁边有一个卖煎饼的摊贩，一位上了年纪的阿婶捧着一大盘刚刚煎好的糯米点心走出来，她说：“有啊，就在前面，不过不叫‘百里鲜’，那只是电视剧里造出来的名字。”

我抬起头来眺望，只看见丈夫和儿子已经站在那扇玻璃门前拍照了。于是三脚两步赶过去，先一步踏进店门，里面和《美味情缘》有点相似，可是又不太一样，没有那张“天下第一鲜”的横幅，最要紧的是这里面的食客不多，和一路上走过的许多店家不能比。我感到失望。

这时候 Tim 太太从后面走过来，手里抓着一大把看不懂的零食，她塞给我一块好像是糯米饼一样的东西，说：“快吃，香港也没有的！”

啊哟！真的好吃，外脆里糯，是甜食又不很甜，怎么会这么好吃？原来这就是小街旁边那个煎饼摊贩阿婶做的，阿婶看见我们走出那家“百里鲜”，立刻对我们说：“你们是来吃海鲜的吧？去试试大排档！这里的大排档很有特色。”

"大排档？"我没有想过到香港来吃大排档，怕不卫生。

大婶看了看我的面孔，猜到了我的顾虑，立刻说："这里的大排档比很多高级餐馆还新鲜，还好吃。因为我们的海鲜就好像一只手刚刚从海里捉上来，另一只手就开始烹调了。"

我说："一路走过来，一家连着一家的大排档，哪一家最好呢？"

"讲老实话，这里的每一家都很好，因为货源是一样的。你还可以自己挑选海鲜，一定会比'百里鲜'还要百里鲜。"

儿子听了说："我没有吃过大排档，看上去蛮有意思的，我们去试试吧。"

Tim 也说："大排档是我们香港人最喜爱的了，也是香港文化生活当中不可缺少的一部分。"

Tim 太太干脆说："不要看不起大排档好不好？没有吃过香港的大排档，就等于没有到过香港！"

听了这些话，我笑了。丈夫在旁边说："我刚刚看到码头旁边有一家'南丫海景民风海鲜酒家'的大排档，环境不错，就去那里吧。"

我抬起头来看，果真那是在榕树湾大街的5号，只见一根根大木头撑起了一个巨大的布棚，走到近处发现，里面是中式的木头桌椅。服务生很客气，他把我们带到了靠着大海的餐桌旁边，坐下来，立刻就感受到了海风拂面，很清爽。又听到海水拍打着堤岸，让人倍感惬意。

先到柜台边挑选海鲜，我发现这里的海鲜品种非常多，还有我叫不出名字的鱼和虾，都在鱼缸里活蹦乱跳。令我吃惊的是这里的濑尿虾怎么这么大，比美国龙虾还大。Tim太太告诉我说:“这种虾不会像龙虾那么甜，却很鲜，很脆，很细嫩，只是名字不好听。”

名字不好听没有关系，这是美国没有的，当然要了超大的一盘。又要了清蒸的鲜鱼，糯米焗蟹煲，小龙虾和其他小菜。服务生给我们上菜的时候特别告诉我们，他们的糯米焗蟹煲最热门，香港的很多演员都会赶过来吃这一道菜，特别是在南丫岛长大的明星周润发。说着就拿出手机让我们看他和这些演员的合影，可惜我对香港演员不熟，只是看到热热闹闹的一群人。倒是隔壁桌上的一群小青年看到了“哇！哇！”乱叫，还拿出手机翻拍。

正在那个服务生和我说话的当儿，儿子把一大勺糯米饭放到我的碗里，我吃了一口，好吃，非常好吃。仔细观看，咦，这只海蟹怎么这么巨大？满满当当地趴在小瓦锅上，鲜红又透亮。揭开蟹壳，下面的蟹肉、蟹黄和米饭都混合在一起，每一粒米饭都渗透了蟹的鲜香。我来不及把饭咽下去，就对着服务生竖起大拇指。丈夫则对那盘濑尿虾赞不绝口，只是Tim夫妇在说好的同时，还会添加一句："这些远离香港的岛屿，被称为离岛。离岛上的海鲜都很好，香港有很多离岛，'百里鲜'这三个字就是香港离岛海鲜的代表。"

吃完正餐，已经吃到撑胀，却又想起来刚才煎饼摊贩阿婶的零食，于是询问服务生："可不可以坐在这里吃外带的小食？"

"可以啊，只要你们喜欢就可以。"这实在是出乎意料的喜悦，立刻跑出去抱回来一大堆街上的零食。这时候已经过了午餐高峰的时间，多数吃客离开，而我们则一直坐在那里，边吃边聊。哪怕不说一句话，透过棕榈树叶眺望远处的海景，放空发呆，都是难能可贵。

离开香港以后，我一直不能忘记香港南丫岛上的大排档，不断地提醒身边要去香港游玩的朋友：“到香港去购买名牌，不如坐船出去，到香港的离岛，尝一尝大排档的美味，那才是享受！”

2013年10月

写于美国圣地亚哥太平洋花园公寓

古早的味道

冬日里，一大早起床，拉开卧室的窗帘，天空飘落着细雪，有些悲哀。拧开录音机，响起了古早的音乐，沉闷，好像正在讲述一个遥远的故事，温馨得让人要哭。想起来了，就是这音乐，曾经陪伴着我从台北出发寻找古早的味道。那是和鸿鸿、楚蓁一起，由鸿鸿开车，我们在海边的高速公路上连续奔驰。辛苦了，鸿鸿，我不会忘记那一次故事，那里包含着最珍贵的古早味。

寒冷的冬天回想盛夏的故事，就好像有一点古早的味道。我曾经一直弄不清楚古早的味道是什么味，后来台湾的朋友告诉我，这是他们用来形容古旧的味道的一个词，也可以理解为“怀念的味道”。特别是在战时和战后，台湾人生活穷苦，他们的食品料理很简单，虽说不精致却也实在。

后来我发现其实古早味不仅有地区性，还有家庭性。每一家都会有自己不同的古早味，就好像我的好婆。她做出来的蹄髈、呛蟹就有她自己的味道，那份美味伴随着好婆的离世消失，我们后人谁也没有继承。而台湾人就不一样了，他们会一代一代地传下去，珍惜他们的祖先，也珍惜祖先的点滴，称之为“古早味”，真好。

窗外的细雪越来越稠密，周边一片冰冰凉。可是我还记得，台湾的夏天闷热到让人吐不出气。就在这吐不出气的时候，我们走错路了。这本是不可能发生的事情，因为这里平坦宽阔，没有小路，可是我们就在这条大路上绕来绕去。太阳还没有下山，鸿鸿把车停在海边，我们躺在一个凉亭里，睡着了。等到再次上路的时候，鸿鸿一下子就找到了路标，也不知道从哪里冒出来了一条岔路把我们带到了大海边，我看到一幢巨大的房子，只有顶棚和左右两面墙，前后通透没有遮挡，走进去，里面只有三四张粗劣的木头长桌和长凳，我们随意地坐了下来。

很久不坐这种没有靠背的杂木板凳了，加上各种小飞虫不断地骚扰，很不习惯。可是现在回想起来，还是很有情趣，这大概也是古早的意思吧。抬起头来，顶棚上悬挂着渔网做装饰，低头一看，桌子和桌子的当中有一条大狗走来走去。靠着栏杆，两个小小孩在玩水龙头里的水。显然是主人的女儿。这时候我才知道，我们这是到了一家非常特别的古早味的餐厅，有一个很特别的名字：陶瓮百合春天。后来回到美国，一位研究中国文学的老美听到我去了这个地方，羡慕至极，再三说："你好幸运啊，这是一家非常著名的餐厅！"

这个老美还告诉我说："'陶瓮''百合'是老板的两个女儿的阿美族名字，'春天'是老板自己的阿美族名字。"

"那么老板娘的名字呢？"我有一点打抱不平了。

"什么，你不知道吗？老板娘不是阿美族人，没有阿美族的名字。她原是城里的大学生，到这里来实习，结果留下来，嫁给了那个年轻的阿美族人。"老美说。

哦哟，这倒真的不知道。不过这个阿美族青年也是厉害的，就在这间看上去简陋甚至贫瘠的房子里，给我们送上了十道精美的古早味菜。

是的，就是在这简陋甚至贫瘠的房子，我们坐在粗劣的桌子旁边高高低低的木头凳子上，没有想到的是从厨房里端出来的菜，精美得可以和台北的“顶鲜”PK。甚至餐具也是出乎意料地精美。这绝不是先前说的“不精致却实在”，而是又精致又实在，特别是“精致”，让我们每一个在座者都目瞪口呆。

我好像没有办法来描述他们的菜肴，并不是因为我现在正领略着满天的飞雪，对时过已久的往事已经忘却，而是因为当时我也没有记住菜名，只晓得一个劲地吃。我不记得我们点过小菜，也没有看到和其他台湾餐馆一样的供顾客选菜的玻璃菜橱。我们只是坐在桌子的旁边，享受着店主送过来的一道又一道小菜。我说是小菜，因为量不是很大，但是花色品种很多，而且多数是我不认识的。

我不认识他们自己捉来的鱼，其中有一条芭蕉旗鱼，连听都听不懂，看也看不懂，可是吃起来鲜嫩至极。我连他们的蔬菜也不认识，只看到碧绿的菜叶，婀娜多姿地包裹着鱼子，还有各种各样的硬壳海鲜，味道十足。有意思的是，就连我平常最熟悉的红薯，在这里也变得不认识啦！金黄的一个小球，一口咬下去香糯酥软。

老板介绍说:“海鲜是自捉的，蔬菜是自采的。”他的餐厅没有菜单，而是看老天会让他拿到什么。有点像上海人的一句话“有啥吃啥”。只是老板在这“有啥吃啥”的制作过程中狠下了功夫，连摆盘也很特别，漂亮得让食客们不忍打乱。老板在和我们闲谈之中告诉我们：他是部落的人，辛苦付出就是想把部落的食材、生活和故事告诉大家。

回到了美国以后，台湾的朋友告诉我，这家“陶瓮百合春天”已经建造了新房子，四面都有墙壁啦，很漂亮，有点豪华，在花莲县丰滨乡静浦村138号，订餐是要预约的，要早订，非常紧俏。我听了说:“我想念的还是那个没有墙壁的地方，坐在粗劣的木头凳子上，一边拍打小咬，一边和老板一家人闲聊。”

自从去了“陶瓮百合春天”，我就对台湾的古早味发生了极大的兴趣，每到一个地方先打听“古早味”，去年到台南，台南大学的庄教授一见面就说要带我去台南最好的古早味餐厅，叫“周氏虾卷”。

“好啊，好啊！”我忘记应该先客气一下，因为台南的朋友都是非常客气的，不知道庄教授有没有在心里骂我没有规矩。不过不管她有没有骂我，就在当日，我便跟在她的后面，直奔运河旁边的台南市安平区安平路408-1号“周氏虾卷”，据说这里的生意很好。

到了“周氏虾卷”的大门口，一看就是我想象中的模样：简朴，不豪华，好像小时候上海弄堂后面的食堂，喜欢。更何况去过了“陶瓮百合春天”，早已经习惯这种民风。一边暗自想象着美味，一边快步朝着那里走去。不得了，这里怎么这么多人啊？都是排队的吃客？我这个人不怕人多，因为我相信人多一定会有好东西，于是很快地挤到了里面。

“不是在这里，到楼上去！”我还没有来得及表彰自己的灵活，庄教授已经把我拉了出来，原来订了位。进了店堂，爬了一大串的楼梯，来到了一张大圆桌旁边，那里坐着一些学生和教授。猜想学生是来抢占座位的。来不及感谢，抓住我视线的是：圆桌当中摆满的菜。

“哇！这是什么呀？”我还来不及坐下来就惊叹。原来这里有虾卷、花枝丸、大虾冷盘、白北鱼羹、虱目鱼肚、担仔面、炭烤乌鱼子，还有一盘叫“棺材板”的东西，我都数不过来了。

庄教授说:“不要数啦，快尝尝，这是我们台南最古早的味道，看看你喜欢不喜欢。”

大家让我先尝炸虾卷，我夹起来放到嘴巴里，一口咬下去呱啦松脆，里面有虾有肉，还有鱼浆和芹菜，又鲜又香还充满了汁。再看一看，那层皮很特别，比春卷皮薄，裹满了粉料，很好吃，追问之下才知道，那不是春卷皮，而是猪腹膜。从来没有吃过“猪腹膜”，听上心里有点发毛，但是好吃也就不管了。

我一样一样地品尝，特别喜欢那盘乌鱼子，有嚼头，又很香，吃了还想吃。庄教授说:“到这里来有一个好处，就是台南有名的古早味在这里可以都尝到，喜欢什么就吃什么。”

我说:“这就坏了。我什么都喜欢，什么都要吃，千万不要把肚子撑破啊！我觉得已经满到喉咙口了，不能再进食啦。”

大家听了都大笑起来，并异口同声地说:“还有甜食呢，一定要尝的！”

“还有甜食吗，桌上的果汁和蜜饯还没有吃完，让我们把这些吃完了，再看看有没有地方放甜食了。”我急忙说。

大家又笑了，庄教授说：“慢慢吃，果汁和蜜饯不会吃饱的，甜食是一定要上的。”

旁边又有人说：“这里的甜食很特别，肚子撑破了也不后悔！”

我有些感动，台南人就是这样热情。又想起父亲爱说的话：“咸食甜食两个胃。”最后把一碟杏仁豆腐也吃了下去，真的很清爽。

吃完饭下楼，看见柜台旁边有一个小盘子，里面放满了各种蜜饯和小吃，上面写着“安平老街咸酸甜宝岛水果”，我选购了一些，那是要带回去慢慢品尝的。

此刻，我望着窗外的冰雪，一边咀嚼着那些蜜饯，一边回想着台南的夏天。

2016年2月9日
台南6.4级大地震之后
写于美国费城近郊 Swarthmore 的家

台北的上海菜

每次带儿子回上海，他都会问我同样的问题:“你小时候的上海和现在一样吗？一样的马路？一样的商店？一样的豪华大餐厅？我想去尝一尝你喜欢的上海菜。”

我没有办法回答，因为现在的上海，对我来说已经越来越陌生了。站在摩登的大马路上，我常常会发生错觉，这到底是哪里啊？我以为再也找不到我的上海了，特别是我的上海老味道了。

这一年的夏天，我们去了台湾。刚刚下了飞机，还没有倒过时差，熊教授一家就把我们载到了台北中山堂附近的延平南路101巷1号。这条马路小到不像马路，而像上海的弄堂。只是这条弄堂非常闹猛，各式各样的招牌就好像从墙壁里伸出来的手，大大小小地招呼着大家。

其中有一块“上海隆记菜饭”的招牌，一下子吸引了我，下面还有四个小字：“台北老店”。

熊教授的丈夫张先生指着那块招牌介绍说：“2009年《纽约时报》都推荐过这家店，称之为台湾的百年老店呢。”

我一听就起劲了，加快脚步走了过去。但是走到跟前发现，这家被《纽约时报》推荐过的饭店，一点也没有我想象当中的豪华，朴素到了老旧的地步。这倒让我一下子好像回到了小时候，在我好婆家后面的小马路上，有一家卖弄堂菜的店堂间，为了便于清洗，一半的墙壁上贴满了瓷砖，又为了节俭，上面的半段涂着白颜色的石灰。这种店在现在的上海几乎看不到，偶尔相遇，都是饿急了，随便买个小食充饥，不可能是品尝美食的地方。

而这家看上去简陋的“上海隆记菜饭”店却不同，生意兴隆得一塌糊涂，多数是合家或者是三五朋友小聚。虽说食客很多，却不会乱七八糟，大家有进有出，有条有理。我们走进去的时候，里面的餐桌都已经坐满，好像是老板走出来，帮我们在角落里挤出一张小桌，周边的食客们很友善，纷纷主动缩小自己的地盘，一点也没有异议，反而小心地说“对不起”，好像受到打扰的不是他们，而是我们这些后来之客。

坐定下来看菜单，啊呀，这里都是我想念的老上海菜肴，我说：“不得了，这么多的老花头，我都想吃，可是怎么吃得下啊？”

熊教授笑道：“不要急，这里多数是盆头菜，可以尝很多。”

盆头菜！我一听就懂了，这是老早好婆常常会讲的一句话：“叫烧饭的阿娘加两只盆头菜啊。”

这种菜简单，量小，有时候还没有开饭就先端到了桌上，有点像美国的开胃菜。所以我一听到“盆头菜”这三个字就心仪，好像回到了好婆的家。这时候熊教授的丈夫张先生主动担当起点菜，我知道他虽然年轻，却已经是吃食老饕，好像在台北没有他不知道的好吃之处。不一会儿菜上来了，有熏鱼、烤麸、油焖笋、雪菜百叶，还有一只呛梭子蟹。

“啊哟，你怎么会知道我喜欢呛蟹？你们都喜欢吗？”我高兴得差一点跳起来。

“因为我们差不多就是同乡啊，这只蟹是我们两个人专享的。”张先生说。

“我不客气了，先动筷子啦！”说着就举起筷子夹起一块几乎透明的梭子蟹，绝美！那味道是又鲜又嫩伴随着浓郁的酒香，就好像是从我好婆的厨房间里拿出来的一样。接着我又夹起雪菜百叶，这雪菜怎么这么碧绿生青？好像比老上海的雪菜更新鲜更鲜美。而熏鱼、烤麸、油焖笋都没有弄虚作假，极其到味。我忍不住吃了又吃，不一会儿上来了一盘葱烤鲫鱼，这条鱼并不大，但却极其入味，每一根细刺都到酥脆的地步，上面的葱也是好吃。

这时候张先生让大家注意，一道绝美的卤猪脚上来啦，这道卤猪脚还没有端上桌已经香味四溢了，白乎乎的，看上去紧实，咬下去充满了弹性，不是很咸也不淡，我忍不住又多夹了一块。丈夫开吃以后一直没有多说话，现在正主攻他的最爱：韭黄鳝糊。当那个服务员一手端着鳝糊，一手端着烫油走过来的时候，丈夫大声地说：“就是这样的啊！”

我知道这正是丈夫想了很久的一道菜，他不但自己吃，还不断地推荐给大家。就这样一道又一道，我都记不清一共来了多少道美味，最后上来的是腌笃鲜和上海菜饭，这一天在“隆记菜饭”好像是把我这些年欠下的上海老味道都统统补上了，我当即就给还在美国的儿子打电话，告诉他我找到了我的上海老味道。

“不要这么兴奋好不好，下次我再带你去一家上海餐馆，保证你更加满意。”熊教授在一边听了说。

不料这个“下次”一直拖了好几年，到了去年才得以成行。仍旧是熊教授一家，只是他们原本还不会说话的小女儿变成了一个能说会道的小姑娘了。就是她拉着我的手，蹦蹦跳跳地来到了台北永康街附近的大安区信义路2段198巷5-5号——秀兰小馆。

熊教授在出发之前就告诉我说：“这家店是张大千先生喜欢的，他常常会在那里吃碗面和熏鱼。”

听起来，这就是当年那些来到台湾的名人的上等生活了，我想起了我的爸爸。爸爸是个美食家，假如当年他到了台北，就算是阮囊羞涩，也会想办法过来品尝的。更何况台北的餐厅都不会贵到离谱，就像几年前去过的“上海隆记菜饭”，那些美味一直到今天也不能忘怀，却都是老百姓能够承担的地方，所以我以为这家“秀兰小馆”也和那里差不多。

结果我错了，尽管门口的招牌不起眼，甚至还可以看到里面有一排简单的铁栏杆，可是进到店堂里就会发现，这里不是一般的“小馆”，一道砂锅鱼头就要40美金左右。心里计划好不要去叫那些昂贵的菜，可是坐下来打开菜单就不由自主啦，而且叫了一大桌。有鱼有虾、有肉有菜。

其中有甜豆虾仁、烟熏草鱼、辣椒塞肉这几道听起来普通，尝一口就知道这里面包含了非常烦琐的工序，连最简单的一碗菜饭也和其他地方不一样，从米粒到青菜都很有味道。我对熊教授说：“这里虽然有一点贵，但是值。”

熊教授笑道：“这家‘秀兰小馆’曾经红极一时，许多达官显要都会过来排队吃饭。因为这里正宗的江浙风味，让人感觉到了家。”

听了这话，我都想要替张大千先生感谢这家店主了。我觉得，这实在是回不了家的人最需要的了。

在台湾，常常会看到这样的老一辈，他们在这里是无根的，当年就好像是一粒漂流的种子，落土到了这个远离家乡的地方。可是他们没有因为世界的改变而改变了自己，却是坚守了自己的本色，保持着自己的根。我不知道在一开始他们是怎样度过的，怎样在这个陌生的土地上找到家乡的食材、家乡的味道，这味道就好像是原封不动地从老家搬过来的一样。然后是几十年的坚守，点点滴滴的坚守。这不是一件简单的事情，我在一开始就说了，常常在我的老家——上海，都找不到我的老味道了，因为那里进步得太快了。

没有去过台北的姐姐问："台北像哪里啊？怎么会这么吸引你？"

我回答："因为我在那里找到了我小时候的上海，小时候的老味道。"

2016年大年初一

写于美国费城近郊Swarthmore的家

永远的月亮

读朱自清的《说扬州》，那是坐在最舒适的沙发里也要跳将起来，恨不得马上就飞到扬州去。文字里面的五香牛肉、烫干丝，最要紧的还有小笼点心，都好像要伸出手来，把你拽进去一样。

可是不知道是什么缘由，从上海到扬州去的交通不大便利，既没有飞机也没有直达的火车，三百公里的路程，转来转去，让人望洋兴叹。后来到了扬州以后才知道，交通的不便实在是扬州人民莫大的福分。那里的老街也兴旺，但是没有开放城市的杂乱；那里的小店也拥挤，但是没有那么多的游客讨价还价。马路两边的建筑多为粉墙黛瓦，干干净净的让人心悦。

一大早穿过对面的一条河浜，有人说，这也算是瘦西湖的分支。信步踏进街边的自由市场，立刻混搅到江北人的口音当中。弄不懂为什么扬州明明坐落在长江的北面，许多扬州人却一定要坚称自己是江南人。其实扬州对我来说既有江北的霸气，又有江南的精细，实在是个好地方呢。

也不知道走了多久，挤来挤去轧闹猛，轧得我浑身臭汗，抬起头来一看，咦，一块横匾挂在面前的小楼上：富春茶社。这不是已经有两百多年历史的淮扬第一楼吗？三步并两步跨了进去，立刻一股热腾腾的面食香气迎面扑过来。朱自清的文字当即浮现在眼前：

“肉馅儿的，蟹肉馅儿的，笋肉馅儿的且不用说，最可口的是菜包子菜烧卖，还有干菜包子。菜选那最嫩的，剁成泥，加一点儿糖一点儿油，蒸得白生生的，热腾腾的，到口轻松地化去留下一丝儿余味。干菜也是切碎，也是加一点儿糖和油，燥湿恰到好处；细细地咬嚼，可以嚼出一点橄榄般的回味来。这么着每样吃点儿也并不太多。要是有饭局，还尽可以从容地去。但是要老资格的茶客才能这样有分寸；偶尔上一回茶馆的本地人外地人，却总忍不住狼吞虎咽，到了儿捧着肚子走出。”

这是朱老先生的老味道啊，我当然都要尝一尝。不料，扬州人极为好客，眼睛一眨，做东的已经叫满了一桌的吃食，光是包子、烧卖、蒸饺就有近十种，而且一个个肥头大耳，就好像胖乎乎的小猪。

“这怎么吃得了啊？”我叫了起来。

跑堂的走进来说：“没有关系，你可以把馅子吃掉，皮就不要了。”

“怎么可以?！”我又想起那个长期以来的传说：朱自清是拒领美国“救济粮”饿死的。但是翻开朱自清去世那年的日记，发现了这样的文字：“饮藕粉少许，立即呕吐”，“饮牛奶，但甚痛苦”。就在他拒领美国“救济粮”宣言上签名以后 11 天，也就是在他死前的 14 天，他的日记里还有这样的文字：“仍贪食，需当心。”从这些记载来看，朱自清不是因为拒领“救济粮”而饿死的，最近有比较可靠的资料表明，朱自清是胃溃疡引发胃穿孔不治去世的，“饿死”一说是误传。

无论是饿死，还是胃病致死，都是一样的凄惨，就像他笔下那篇优美的《荷塘月色》，短短一千多字，读起来总有说不尽的悲凉，其中没有直接的哀叹，有的只是美丽的景象，这种赞美当中的悲情是最让人吃不消的了。特别是他写的江南（奇怪了，老先生念旧的时候，用的也是“江南”而不是江北）：“这真是有趣的事，可惜我们现在早已无福消受了。”

想哭……

同样的月亮，对朱自清来说已经永远消失了。然而稀奇的是，在他江北的老家，我看到了一轮永远的月亮。那就是在被誉为“晚清第一园”的扬州何园里的“水中月”。大白天望过去，也可以看到池水当中的一轮明月。据说不同的角度，还会发生阴晴圆缺的变化。也许就是因为这轮吉祥的明月，使何园门庭若市，后代发达。

但是和这轮永远的月亮相隔不远的朱自清故居，却是一片萧条的景象。在一条条狭窄破败的小巷子里绕来绕去，脚底下是断裂的水泥板，头顶上是乱七八糟的晾衣杆，晾衣杆上面还挂着一件件滴水的粗布衫。好不容易到了跟前，一个干瘦的老妪横坐在门槛上，摇来晃去大声干吼着，陪同者说：“这是扬剧。”

竖起耳朵仔细听，听不懂，只好绕过老妪，踏进标识着“朱自清故居”的门洞。外面的阳光一下子被隔离到门外，一时间两眼一抹黑，漆黑的院落，漆黑的走廊。先是朱自清父母的房间，对面竟然还有一个小老婆的房间，那时候的小老婆绝对没有想象当中享福，起早摸黑地伺候丈夫、丈夫的大老婆，还有他们的孩子甚至孙子，活脱脱一个不花钱的佣人。

跌跌撞撞来到了后院，这里才是朱自清的房间，我不想再陈述那里的衰残景象，我知道这幢老宅也是租赁来的，朱自清的父亲早已把家产败光。难怪到了后来，他的背影会变得那么苍凉。那个败了家产的父亲，最后买来的橘子曾经让朱自清难以忘怀，我又想起《说扬州》里的小笼点心了。不知道老先生在临死之前，有没有想到这些美食的老味道?

想到这里，我愈加不能浪费眼前的美食了。中国的点心一向是我的最爱，在美国多数是广式点心，偶尔也会遇到上海小吃，却没有尝到过这么精彩的扬式点心。扬式点心的食材很讲究，除了鸡鸭鱼肉这些荤菜都是新鲜美味以外，他们的蔬菜更有特色，我想这和当地的水土气候有关，因此离开了扬州，在外面就没有办法效仿了。扬州被称为鱼米之乡，难怪扬州的老乡出门在外，都无法忘怀家乡的美味。

我一边吃一边和同坐的朋友闲谈，发现这里的小点心里面，青菜、荠菜、芹菜、山药、萝卜、瓶儿菜、马齿苋、茼蒿、冬瓜，还有冬笋、春笋等等，要什么有什么。加上大师傅的精心钻研制作，小吃品种繁多，除了包子以外还有千层油糕、双麻酥饼、翡翠烧卖、笋肉锅贴、蟹壳黄、鸡蛋火烧、咸锅饼、萝卜丝饼、桂花糖藕粥……

啊哟，就是读读菜单也要流出口水，更何况每种食材的特点都发挥到了极致，这是唯独在扬州才可以品尝到的！

我对邻座的扬州朋友说："你们真是有福了，这里不同的菜饱含了不同的滋味，其中的美味走出扬州就找不到了，变味了。特别在美国，那是做梦也想不出来的。这个包子一口咬进去，根本没有办法停下来，我算是真正体会到了'美不胜收'这个词了，也更加理解了朱自清的《说扬州》。"

朋友笑道："慢点，慢点，吃我们的扬州汤包不可忘记的是'轻轻提、慢慢移、先开窗、后喝汤、最后一扫光'。"

但是我已经顾不上这些规矩了，左手一个，右手一个，一口气连皮带馅地吃下去十个大包子，真的是忍不住狼吞虎咽，到了最后不是“捧着肚子走出”，而是捧着肚子站也站不起来。

我想我这一辈子也不会忘记朱自清心中的老味道了，假如以后还有机会，我一定还要到扬州去，把那里的地方小吃尝个遍。

2014年10月初

写于美国圣地亚哥太平洋花园公寓

徐志摩的伤心处

头顶着火辣辣的太阳，脚踩着路面滚烫的西湖苏堤，充军一般在拥挤的游客当中走了一遭，浑身是汗。一抬头，正巧“楼外楼”的横匾撞进了眼帘，立刻两脚生风，“腾腾腾”地追着赶了过去。踏上高高的台阶，到了门前来不及喘出一口气，直接跨进明净的玻璃大门。

后背还留在炙烧的炎热里，前胸已经抱满了怡人的清凉。因为不是周末，也不是用餐时间，大堂里没有几个客人。前台的服务员背着身体叫了一声“欢迎光临”，我左顾右盼一番，没有其他客人，看样子就是对我说的了，便不客气地自行坐到靠窗的桌子旁边。

宽大的玻璃把红日下面的热浪挡在外面，直起脖子，想要斜斜地看那对面的湖心亭，看不见，就是眼面前的湖水，也多被来往的车辆人群遮挡，心里不由生出一股失落，立刻想起了徐志摩的《丑西湖》：

“那我们到楼外楼去吧。谁知楼外楼又是一个伤心！原来楼外楼那一楼一底的旧房子斜斜地对着湖心亭，几张揩抹得发白光的旧桌子，一两个上年纪的老堂倌，活络络的鱼虾，滑齐齐的莼菜，一壶远年，一碟盐水花生，我每回到西湖往往偷闲独自跑去领略这点子古色古香，靠在阑干上从堤边杨柳荫里望滟滟的湖光，晴有晴色，雨雪有雨雪的景致，要不然月上柳梢时意味更长，好在是不闹，晚上去也是独占的时候多，一边喝着热酒，一边与老堂倌随便讲讲湖上风光，鱼虾行市，也自有一种说不出的愉快。但这回连楼外楼都变了面目！地址不曾移动，但翻造了三层楼带屋顶的洋式门面，新漆亮光光的刺眼，在湖中就望见楼上电扇的疾转，客人闹盈盈的挤着，堂倌也换了，穿上西崽的长袍，原来那老朋友也看不见了，什么闲情逸趣都没有了！我们没办法移一个桌子在楼下马路边吃了一点东西，果然连小菜都变了，真是可伤。”

坐在空调房间里，为流失的旧房子的清苦感伤，不是我的习惯。还是先叫上一杯龙井，虽然龙井不是我的最爱，但是轻轻送到嘴边，立刻香气悠然，甘甜清爽，就好像是成仙了一般。仔细观看手中的玻璃杯，很一般。茶叶不会是极品，7 块钱一杯（后来涨价到了 11 块，不知道现在是多少钱），想来想去其中的秘籍一定在于泡茶的水。

墙壁角落的条桌上，摆着一排老式的竹壳子、铁壳子热水瓶，立马升起一股久违的亲切感，这些都是老旧的样式了，我好像看到冬日的火炉旁边，摆满了胖妈刚刚充满的热水瓶。而这里的热水瓶里的水，都是背水的工人，当日从虎跑泉眼里汲取过来的。这些水就好像是鲜活的生命，老天赐予的。无论是穷人还是富人，只要背个水罐去，都可以平等得到同样的水，上下几千年，外面的世界天翻地覆，更新换代，但是水，还是一样的甘醇。细细品尝，饱满充实，有一种眼目清凉的感觉。

渐渐地我的视线模糊了，我看见和徐志摩一辈的方令孺大大坐到了我的对面。称方令孺先生为“大大”，不知道是什么缘由，只记得除了我的哥哥姐姐称她为“大大”，爸爸妈妈一辈称她为“九姑”。

大大不是杭州人，却久住在杭州。我说过，她和我所看到过的女人都不一样，有一种说不出来的气质，大眼睛，大脸盘，一条大辫子在脑后盘了一个大圈。我也想学她，只可惜老鼠尾巴一样的头发怎么也留不长。姐姐说："侬学不来的，大大是新月才女，诗人。侬看她一身最平常的深色服装，不施脂粉，也这么好看，这才是真正的好看呢。"

想一想确实有道理。早几年，母亲带我到杭州看望她，她一人独居灵隐山。汽车停在山脚下，老远看过去，只见绿荫环抱的山间小道上，大大踩着青石板下来了。她身着黑旗袍，侧扣上，别着一朵白玉兰。走到跟前，她就把白玉兰挂到了我的身上，又把我的手握在她柔软的掌心里，立刻，我就好像是被一股仙气包围了一样，整个人都要飘浮起来了呢。

那时候周边的大人们都知道我怕看电影，弄不好一场电影会吓出一场高烧。大大便握着我的手，带我去看戏。细细数起来，《白蛇传》《追鱼》《宝莲灯》《三打白骨精》等等好像都是那时候看的。大大说："先看戏，再吃饭，就在'楼外楼'。"戏院好像离菜馆不远，里面的装饰和气派已经完全忘记，留在记忆里的只有“楼外楼”里那条西湖醋鱼。

我是一个不喜欢吃鱼的人，可是这条鱼的鲜美简直印刻到了我的骨头里。一只白瓷腰盘当中，铺开着一条剖为两片的全鱼，两支竖起的胸鳍及划水，一看就让人联想起来“碧活鲜跳”四个字。一筷子色泽红亮的鱼肉送到嘴巴里，啊哟！那是肉质鲜嫩，酸甜可口，还会带出来一点点螃蟹的味道。

以后，来回杭州无数次，和当地的朋友小聚，好像没有一次是在“楼外楼”。提起来朋友总是回答：“那不是杭州人的去处。”或者“那里的菜又贵又不好吃”，再就是“那个地方的环境差了一点”。我想起了徐志摩的伤心。

此刻，独自一人坐在“楼外楼”的餐桌旁边，相信这里又有过现代人的精装修，假如多愁善感的徐志摩魂飞旧地，一定会伤心得号啕大哭。夹着车水马龙，人头攒动的堤岸，眺望西湖。想起在我的记忆里，西湖总归是妖怪出没的地方，不是白蛇就是鲤鱼精，还有天狗和白骨精。最荒唐的是，看完了《三打白骨精》的我站在戏院门口抽泣，同情的竟然是“白骨精”。

时过境迁，几十年前的回忆留下来的只有凄婉的感伤，还好眼前的西湖醋鱼一如既往。这条鱼绝对没有高档菜馆、会所里的山珍海味精致昂贵，但是对我来说仍旧鲜美实在。邻桌的一对湖南妹子说:“这算什么杭州名菜里的看家菜？一点西湖的味道也没有！难吃！”

我笑了笑想说：西湖的味道不是嘴巴里的，而是在脑子里，记忆里，心灵里，就好像徐志摩伤心的一样，那是永远也不会淡忘的。

2014 年 10 月 24 日

写于美国费城近郊 Swarthmore 的家

飞飞跳

抓耳挠腮地等待了好几天，总算捱到周末，拎起从中国带来的饭篮子，装上几样精心制作的小菜，急急忙忙地坐进了小车，开开心心地往纽黑文驶去。还是一样的小街，一样的小楼，推开纱门，大叫一声："姨妈，姨妈，我来啦！"

"来了就来了，什么东西拎进来啦？"

"清粥小菜。"

"什么小菜？"

"苏州酱方、蜜汁豆腐干、白斩醉鸡，还有，还有就是从你家里'偷'出来的马兰头。"

"哈哈，我早就知道你又'偷'过我的马兰头啦，后花园里多出来一个洞，不是你还有谁？快摆到桌子上，我们吃饭吧。”

就这样，我们围坐在充和姨妈厨房间里的小饭桌边，吃起了午饭。“姨妈啊，这些都是我专门为你做的苏州菜，你多吃一点好不好？”席间我发现姨妈的胃口很小。

姨妈说：“我已经吃得很多了，平常吃得还要少。”

“是不是口味不对啊？姨妈，这些年来，你远离家乡，最想念的家乡小菜是什么？我来想办法做。”

“你做得出来吗？那是我小时候的最爱，叫‘飞飞跳’。”

“飞飞跳”？什么是“飞飞跳”啊？怎样的一种老味道，竟然可以让充和姨妈梦萦魂牵几十年？我一定要去找，去做，还姨妈一个心愿。可是自姨妈第一次告诉我“飞飞跳”这三个字，迄今已有十个年头了，我一直在找，却一直没有找到。

想起充和姨妈是苏州教育家张武龄的女儿，这道菜一定出自苏州。这不难，趁着归国探亲，从上海跳上高铁，最多半个小时就可以到达。下了火车，因为有些饿了，直奔城里有两百多年历史的老店松鹤楼，开口就问“飞飞跳”。

“不知道。”年轻的服务员毫无感觉地回答。

我想了想对身边的丈夫说:“一定是外地来打工的,不懂苏州菜,我们换一家。”

“不可以,我已经点好了松鼠鳜鱼、响油鳝糊和虾子蹄筋,让我先去洗洗手,你坐好。”

无奈,只好坐下来,等了好一会儿,菜还没有上来,肚子倒咕咕叫了起来,心里开始抱怨,丈夫说:“等的时间长才好啊,说明是新鲜的,现做的。”

话音未落,一个腰间系着条围裙的老师傅,手里托着个木盘,上面顶着热气腾腾的菜疾飞出来,一声“来格哉!”立刻让我忘记了一切,对不起了姨妈,我把你的飞飞跳也忘记了。端上来的三道小菜一如既往地美味,松鼠鳜鱼外面松脆,里面软嫩,又甜又酸又鲜;响油鳝糊是丈夫的最爱,滚烫的香油端上来,“哧啦”一声倒到撒满了葱姜的鳝糊上,那是最美好的期待了;至于虾子蹄筋是我好婆的拿手菜了,玉色的蹄筋撒满了珊瑚色的虾子,酥烂掺杂着韧劲,完完全全的老味道。就好像是抢的一样,我和丈夫一转眼就把盘子里的小菜统统扫光。

抹着嘴巴走出松鹤楼,一直到头上的太阳晒得我浑身冒汗,这才突然想起了“飞飞跳”!

丈夫说:“没有关系，还有明天。我们去‘得月楼’。”

“得月楼”建于明代嘉靖年间，位于苏州虎丘附近，具有四百多年的历史了。上世纪六十年代一部《满意不满意》的电影，当中那句“肉就是排骨，排骨就是肉”一直让我放不下那块不知道是排骨还是肉的老味道。到了八十年代，“得月楼”移至苏州的中心太监弄，里里外外更加摆出一副官方面孔，据说长年推出的菜有三百多个品种。然而，这三百多个品种里面仍旧没有“飞飞跳”。

丈夫说:“再找。”就这样，为了寻找“飞飞跳”，我们走遍了苏州的大街小巷，吃遍了菜馆、面馆，只要听到一个老字号，我们都会走进去询问“飞飞跳”，十年过去了，仍旧没有找到。

我的充和姨妈都过了一百岁了，为了那道找不到的“飞飞跳”的老味道，我愧对于她，我到了几乎不敢去看望她的地步了。

今年，就在今年，在台北故宫，参观了“翠玉白菜”和“红烧肉”，原本已经中暑的我，突然食欲大开。来不及到市中心寻找饭馆，就近上了博物馆顶楼的大食堂。坐在那里排队等待的时候，发现邻座的小姑娘是从苏州过来的。小姑娘挽着新婚的丈夫，说是自由行，我想是度蜜月。看着他们甜蜜的模样，小心翼翼地吐出了三个字“飞飞跳”。一出口就后悔，这么年轻的一对新人，怎么可能知道充和姨妈的老味道？

果真，小姑娘摇了摇头说：“没有。”

“谁说没有，有的，那不是苏州菜，是我们安徽的菜！”当丈夫的跳将起来说。

“啊？啊！”我惊愕。我怎么会这么糊涂！只记牢充和姨妈是从苏州来的，忘记了姨妈的祖籍是安徽，小的时候过继给二房奶奶当孙女，在老家长大，后来养祖母去世才回到住在苏州的父母家，以后好像再也没有回去过。没有想到年幼时候最初的味道，会一直印刻在充和姨妈的记忆里，漂洋过海大半个世纪，珍馐美馔穿肠过，魂牵梦系的还是“飞飞跳”。

我要告诉充和姨妈，我找到了，这是两只鸡翅膀，两只鸡爪，用一根鸡肠子捆扎在一起卤出来的。在台北遇到的那个新婚的年轻人没有告诉我是怎么做的，只是站在台北故宫大食堂的前厅里，一个劲地说：“好吃！好吃！”

新娘有些不能理解：“这种路边摊上的东西有什么好

吃的？”

“好吃！好吃！那味道无法形容，无与伦比，无法忘怀！”男青年激动地说。

我眼泪也要流出来了，不是为了“飞飞跳”，而是为了我充和姨妈的老味道。我懂了，一个人最初的记忆，无论是天长日久，还是天涯海角，时间和距离还有环境，都没有办法磨损心底里那道最原始、最土、最亲密的老味道。缠绕在心底的牵挂，是永远的“飞飞跳”。

2014年11月

写于美国费城近郊Swarthmore的家

到上海老城隍庙去

到老城隍庙去！这是小时候最兴奋的事情了。开心啊，比过年还开心。爸爸老朋友有个插队落户的女儿从乡下溜回来，她的姐姐为了犒劳她，特别请她到老城隍庙吃东西，结果这个饥火烧肠的妹妹到了那里大吃大喝，一直吃到胃出血。救护车开过来的时候，我站在一边，心里却涌上说不出的羡慕："到老城隍庙吃到肚子戳破啊？真值！"

其实到老城隍庙去并不是一件万难的事情，在弄堂口跳上 26 路公共汽车，七分钱就可以到达。只是那时候日子不好过，家里的大人们整天满面愁苦，谁也不会顾及我这个闲人的奢望，所以也只有空想的份儿了。还好我也有一个姐姐，她在普陀区的一所中学教书，周末回到家里，她说:“我发工资了，明日到老城隍庙去，随便吃。”

啊哟，听到这话，我的眼睛也发亮了。当即跟在姐姐的后面，不断地拍她马屁，弄得她差一点摔一个大跟头。第二天一大早起床，穿上一双早先也是姐姐送我的新布鞋，便站在后门口等待了。姐姐说:“进来，现在太早了，过一会儿坐公共汽车，一歇歇就到了。”

我说:“我把你的残疾车推过去，一路走一路看，既可以荡马路又可以省车钱，多吃一客小笼包子呢。”

姐姐笑，一边骂我财迷，一边就上路了。那时候上海的马路上没有这么多人，就是有人也是来去匆匆，一个个蓝衣蓝裤，或者是仿制的军服，面孔严肃得好像涂了一层糨糊。只有我们，两耳不闻窗外事，一心只想城隍庙。讲老实话，那时候是不能称之为“城隍庙”的，只是老习惯改不了。

记得这一路走过去虽然人不多，但是淮海路上有很许多店堂间，不仅有布店鞋店百货店南货店邮电局等等，过了襄阳路，在淮海路上还有一家卖肉的店，里面总有很多人。那时候因为都是国营店，所以价目都是一样的，只是货物有点不一样，有的品种多一点。淮海路的肉店有牛骨头，但是要有回民的牛肉票。走过了肉店就冒出来不少的吃食店，有天津狗不理包子店、肉包子菜包子店，上海食品店、上海食品厂、老大昌等等，数也数不清，其中有一家生煎包子店是我们常去的，可是今天看也不往里面看一眼，因为我们要到老城隍庙去。

我说过了，那时候都是国营店，价目和货物基本是一样的，而老城隍庙则不一样了，里面有的东西外面没有，里面的价格还会比外面低，有一家瓶盖子店，老上海几十年以前的瓶子都可以在那里配到盖子，至于小吃，那是绝对好吃了。

我是一个不喜欢走路的人，但是为了城隍庙，我一口气走了六站路也不叫累。踏进那里的地盘，鼻子里立刻充满了美食的香气。先到九曲桥旁边的南翔馒头店，排队等座位。坐到了位子，先要两客鲜肉小笼，一客六只还是八只？只记得外面马路上都是四只。价格差不多，是一角？最多一角五分，一两粮票。那真的是皮薄馅足汁多，好吃至极。用筷子小心地夹起来，可以看到薄到透明的面皮里面鲜嫩的肉馅和汤汁，轻轻咬一口，啊哟，没有办法来形容的美味。我们吃得很慢，仔细地品尝其中的点点滴滴。那时候没有蟹粉小笼等其他花头，都是猪肉馅，猪肉就是那个年代的山珍海味了，平时买肉都是要肉票的，但熟食不需要。

吃得再慢也会吃光，姐姐问我要不要再要一客。我想了想说不要了，因为里面还有很多好吃的。说着我们就出了小笼包店，朝着大庙走过去。大庙当然已经关门了，油漆剥落排门板紧紧关闭，我们没有朝那里张望，只是绕了过去，来到前面的广场上。那旁边有家面筋百叶汤的店家，这是我有生以来吃到过的最好吃的面筋百叶，他们的面筋很厚，炸到焦黄，里面一大团的鲜肉；百叶雪白，十分酥软，汤汁上面漂着几片碧绿的小葱花，看上去简单却有一种说不出的鲜美。这里的吃客不多，只有老吃客才会找过来。我们走进去还没有坐下，服务员就问："双档还是单档？"

蛮奇怪的，这家店里不以"碗"、"份"来称购买的面筋百叶，而是"档"，我们各自要了一个单档。满满顿顿端上来的时候，服务员还不断地提醒我们："当心烫。"

我有些迫不及待了，用汤匙舀起面筋就塞到嘴里，啊哟，真的烫。服务员说："这不是一般的油面筋塞肉，而是用水面筋拉扯成薄片，包裹了鲜肉再放进油锅现炸，所以特别紧实。加上用肉骨头吊的汤，小小一档面筋百叶，里面的工夫大得不是一点点。”

姐姐听了说：“好吃，真好吃，我们再加一个双档吧。”

吃完了面筋百叶，我们又在老城隍庙里面兜来兜去，吃了上海春卷、生煎馒头、萝卜丝饼、桂花拉糕、眉毛酥、枣泥酥，一直吃到我们都吃不消了，我说：“不来事了，我也快像那个插队落户的人一样，胃要胀破啦！”

姐姐说：“不行，还有一样是一定要去吃的，那就是宁波汤团。爸爸讲过‘咸的和甜的两个胃’，好不容易来了一次，不吃可惜了。”

我一听到“不吃可惜了”这几个字，立刻又振作起来，直奔宁波汤团店，好婆告诉我们说，这里的宁波汤团是用最好的常熟糯米磨粉做皮，又用优质的黑芝麻、剥皮的猪猡板油、打成粉的白砂糖拌透后腌成馅心，再由点心师傅用手一只一只搓出来的。因为我们的好婆是宁波人，所以从小就喜欢宁波口味的小吃，于是坐进汤团店直接要了两大碗芝麻汤团，一口咬下去，满嘴香甜的芝麻馅心。这一天的美餐，最多吃掉5元钱，但是那时候一个年轻工人的工资，一个月只有18元。太奢侈了，一直到现在回想起来都感谢姐姐在困苦的年月里带给我的满足。

真的，小时候的美味，是我现在坐在美国的家中最向往的了，回国的时候，就想叫姐姐一起到老城隍庙去。姐姐说:“这么多人，人轧人啊！不去！”

几年前，总算把姐姐推了出去，一路的高楼大厦和立交桥，绕来绕去，好不容易绕到老城隍庙，里面真的是人轧人，大庙倒是开门了，善男信女，络绎不绝，远远看过去香火旺盛。但是前面那家面筋百叶店没有了，周边的小吃店也找不到了，南翔馒头店门口排长队，狭窄的楼梯姐姐上不去，虽然儿子把她背上去了，但是端上来的小笼包子完全不是那个味道。皮厚不去说了，还是破的。倒是那家宁波汤团店仍旧在老地方，只是里面的芝麻汤团粗糙了很多。

后来一个维持交通的纠察说，老城隍庙的小吃现在都归拢在上海老城隍庙小吃广场里了，我们便走了过去，结果走进去一看吓了一大跳，那里面上上下下可以容纳千人，好像不仅仅是老城隍庙的小吃，全国各地的都有，有点像大卖场。大家各自排队端菜，找座位，走路吃饭讲话都是大声喧哗，我端了一碗小馄饨吃不出味道，我感到纳闷：几十年以前上海老城隍庙的老味道到哪里去了呀？

我不甘心，打电话给早年嫁到天津的表姐，记得小时候她曾经和我一起到南翔镇吃过真正的南翔小笼，那一笼有十几只，一口一只，极其好吃，结果表姐在电话的那一头说："你怎么还会记得那些事啊？我老早忘记了，从来也不去想。现在大街上买的汉堡包也很好吃……"

她好像还有话，但是没有说。我苦笑道："你是不是想说我太落后了？可是我就是没有办法从我们小时候的老味道里拔出来啊，假如我年轻，我会用我的两只手来做出这老味道的。可惜……"

"你精神有毛病啊？整个世界都在进步，饮食当然顺应潮流。你看看，上海现在究竟有多少上海人？不要说是店堂里做小吃的人了，就是过来的吃客也少有上海人。你以为不好吃，说不定正配别人口味。就算开店的老板是上海人，为了赚钱，也会变通，不然怎么生存？还会有多少人像你这样沉湎于老上海的味道？不要忘记一句上海话：青菜萝卜各人喜欢。”表姐说。

听了这话我无语，只是在心里暗想：看样子再也找不到老早的上海老城隍庙特色小吃了，只有那些吃过的人，有福了，那些美味永远都会留在我的心里。

2015 年夏日

写于上海新康花园的老家

找不到的“天鹅阁”

现在的上海和我小时候的上海已经不一样了，楼房不一样，店家不一样，连马路也不一样了。上海人有一句老话：“老的不去，新的不来。”许多老饭店消失了，新饭店兴起又倒闭了，这其中，最让我伤心的就是找不到“天鹅阁”了。

“天鹅阁”是坐落在上海淮海路上东湖路和襄阳路当中的一家意式西餐社，这是一条短短的，不到两百步的大马路。那时候上海人口没有现在这么多，从陕西路朝西，渐渐僻静，过了襄阳路几乎没有人荡马路了。路边店家，都是与平民百姓的日常生活休戚相关的。在这条马路当中朝东有一家叫茂丰的南货店，门口兼卖水果，再过去是一家银行，再过去是一家烟纸店。朝西有一家小得不能再小的百货商店，还有一家服装店，再朝西是一家食品店，食品店坐落在高高的台阶上面，夏天的时候，店面口多出来一只画着光明牌棒冰、雪糕、冰砖的卧式冰箱，卧式冰箱上面有两只面盆大小的圆孔，盖着两只箍着橡皮圈的铁盖子。

就在这些店家的当中，有一个用一小块一小块黑色玻璃一样的石子镶拼起来的门面，门面当中嵌着扇玻璃大门，大门上面有一只用同样质地的石子包裹着的亮晶晶的腾飞在半空中的天鹅浮雕，十分别致。这就是“天鹅阁”了。

推开敞亮的大门，老板娘坐在前厅一个弧形的高高的账台后面，黑色的天鹅绒旗袍的领口上有一枚碧绿的翡翠别针，雍容华贵，不落俗套。店堂里还有一副吴湖帆的对联:“天天天鹅阁，吃吃吃健康”。店堂间并不大，一个横套间，一帮“老资”和“小资”是常客。

“文革”之前，母亲和干妈常常会带我到那里去吃西餐，在那里遇到了赵丹、张瑞芳、凤凰等明星，有一次还看到了贺绿汀。母亲和干妈让我坐在临街的火车座上，脖子上围着一条雪白的餐巾，面前摆着一客浓郁的罗宋汤，轻轻举起一把银质的汤匙，一匙一匙地把这厚重浓味的汤汁送到嘴巴里。这时候，一客奶油鸡丝焗面端上来了，侍者说："当心——烫。"干妈轻轻挑开表面焦黄的起司，那下面乳白色厚重的浓汤还在翻滚。我立刻咂了咂嘴巴，开心地说："真好吃！"

这些都是老故事了，后来"文革"开始了，不知过了多久，"天鹅阁"变成了红卫食堂，出售大众小食。店堂里的账台被拆除了，老板娘也不知道到哪里去了。有一次母亲发现，那里又偷偷卖罗宋汤，不过名称变了，直接叫红汤。有红肠的红汤两角五分，有牛肉的红汤三角，味道一样地道。姐姐差我拎了个锅子过去"买碗汤"，年轻的跑堂懒惰地朝着我挥了挥手，我便直接进了厨房间，大师傅直接把汤从一只直通通的大锅子里舀到我的小锅子里，心情好的时候多两勺，加一点切好的红肠或牛肉，这时候常常是一碗变两碗，红肠变牛肉了。

那时候"天鹅阁"还卖一种叫油煎包子的咖喱面包，有一点像苏联电影《幸福生活》里面叫卖的那种。大概是厨房间里闷热，一个做面包的胖乎乎的女人就坐在店堂里操作。我看着她抓一把软烂的精白面粉团，擀面杖也不用，只是在案板上一搓，又挖一勺馅料放在中间，眼睛一眨，一只长条的叶子形的面包就做好了，又好像炸油条一样地滚入油锅当中，“哧啦，哧啦”，啊哟，香酥松脆，过路的行人都被吸引过来啦！九分钱一个。

因为常常去买汤，每次都会站在那里看这个女人做面包，不久自己也会了，回家做了几次，开始不成功，回去又看，问了问，得到真传，很成功。

当年丈夫和我恋爱的时候，常常在那里约会，一道葡国鸡，一道鸡丝奶油焗面，那陶钵端上来的时候，里面吱吱地冒着焦黄的泡，外沿烫得无法触手，撕开柔软的精白面包，蘸着绝味的汤汁……两三元人民币，无上的享受。

一想到这些，童年时代遥远的记忆，逝去的亲人，一一呈现到眼前。可是现在“天鹅阁”没有了，再也找不到了。我曾经在那条短短的马路上走来走去几十趟，马路拓宽了许多，宽到触摸不到温馨，只有一幢冰冷的现代化大楼竖在那里。

朋友丹丹知道了我的沮丧，立刻差使她在上海的妹妹小丹丹，小丹丹又觅过来一位上海吃客王兄，开了一辆 SUV，在淮海路上转来转去寻找“天鹅阁”，但还是失望了。就在我黯然神伤的时刻，王兄一拍脑门说：“有了，有了，不是淮海路，是在淮海路后面的进贤路。叫‘天鹅申阁’，好像和老底子的‘天鹅阁’有点关系。”

“进贤路啊？那是我好婆家的后马路，自从好婆被扫地出门，以后就是走过路过也要绕过去，不想再看一眼的。再说那条后马路，是在小的时候，母亲一向不让我们去的，她说旧时候，这条马路上都是‘罗宋瘪三’，甚至还有‘白相人’和妓女。”

“你讲的是什么年代的事情啦？那里现在已经变成上只角的上只角了呢！”王兄话音未落，小车已经直直开了过去，到了门口下车，前看后看也认不出这条就是当年的进贤路。抬起头来，还没有看见招牌，就被小丹丹拉进了店堂。

一脚踏进，眼前黑黢黢一片，等到了深处，发现这里只有一个直开间。当中是长桌，已经被一圈老吃客包牢。周边的小桌子还有几个空位。我们一行四人立马坐了过去。刚刚坐下来，又跳将起来：“哪能不是火车座啦？”

“对不起了，一开始我是用的火车座，但是没有多少时间，上面的皮全部破掉了，换了两次，干脆拆掉，变成普通椅子。”老板忙不迭地过来招呼。

丈夫连忙打圆场：“蛮好蛮好，说明你们的生意好，我们是来吃味道，不是来吃座位的，先来汤。”

接着大家低头点菜，我和丈夫当然是寻找当年的味道：葡国鸡，鸡丝奶油焗面，小丹丹要了一份老式炸猪排，王兄要了一份新式的不知是奶油还是起司的焗鱼。结果端上来的菜，看上去卖相不错，味道却不是我日思夜想的。不知道是不是脑子出了问题，还是口味出了问题。问及丈夫的感觉，他苦着脸说：“菜有点冷。”

我尝了尝回答：“还好，是温的。”

“西餐不烫，一点吃头也没有了。”他说着，就把一大块焗面剩在碗里了。这时候老板走了过来，我指了指浓汤问：“这汤好像不是用新鲜西红柿做出来的呢。”

他轻声回答：“是罐头的。”

丈夫又跳出来做好人：“老早西红柿多的时候只要一分两分一斤，现在西红柿什么价钱啊！小店能够开到这样已经很不容易了。”

我想了想也有道理，听说老板是一位海归学者，因为怀旧，主持了这家小店，苦苦搜寻，一片片的梦想，编织进了这份记忆的菜单当中。

本来想帮他做一道当年在“天鹅阁”的店堂里“偷”学来的油煎包子，结果因为第二天就要上飞机，无法如愿。

后来回到美国，看到有老吃客在网上介绍这家“天鹅申阁”，看起来许多人都会珍惜这份情怀。我对丈夫说：“不知道当年‘天鹅阁’厨房的大师傅现在到哪里去了，还有那个做油煎面包的胖女人，算起来最多七十岁，可以找到他们就好了。”

丈夫说：“不要做梦啦，寻找老味道已经很不容易了，还原老味道更加困难。那个海归的学者辛苦了，还是应该谢谢他的。”

2015年夏末

写于美国费城近郊的家

北京，烤鸭！

被誉为“大都会歌剧院曝光率最高，最耀眼的华裔歌唱家”的田浩江，引领了《我唱北京》这个国际青年声乐家汉语歌唱计划，并担任艺术总监和总指导。这部表现他们全程活动的纪录片在丹佛预映的时候，我们夫妇应邀前去观看。

这天非常冷，从酒会现场到影院还有一段露天的距离，总算坐定在温暖的皮椅里，把两条冰冻的光腿缩进大衣的下摆。就在我刚刚想抱怨这个“鬼天气”的时候，突然一声嘹亮的“北京，烤鸭！”从银幕上飞了下来。

抬头一看，不由大笑，真不知道田浩江是怎样“骗”这个吃素的洋妞，会掏心掏肺地在豪华的舞台上喊出“北京烤鸭”这四个字的。想起来一定是田浩江自己对北京烤鸭有着特殊的感情，这是他的老味道。据说他的“田氏烤鸭”，连詹姆斯·莱文（美国指挥家，曾经是波士顿交响乐团与纽约大都会歌剧院音乐总监）和多明戈都尝过，还赞不绝口。田浩江说:“我夫人来纽约这些年，差不多已经做了1000只鸭子。”

不得了，1000只鸭子，这是什么概念啊？我闭上了眼睛，摇了摇脑袋，不行，摇不出去。从此，这1000只鸭子就好像是粘牢在我的脑子里，无法忘怀。

“我要吃烤鸭！”到了北京一下飞机，我就对着前来迎接我们的老朋友杨教授说。

“好，好，顺路，去‘便宜坊’！”杨教授说。

“什么叫‘便宜坊’啊？听也没有听过。还是去老店‘全聚德’。”我说。

“你这是孤陋寡闻，‘便宜坊’可以追溯到明朝永乐十四年，现在新的便宜坊也创始于清咸丰五年，和全聚德是齐名的。没有听到过？今天就带你去见识见识。”杨教授得意起来。

我只好客随主便，反正只要是烤鸭就行。下班时间，享受了北京的堵车。好不容易捱到嘈杂的太阳宫，挤进电梯上到五楼，绕来绕去，终于看见了“便宜坊”。因为已经饿到前胸贴后背的地步，一进门就在最邻近的桌子旁边坐了下来。杨教授客气，不顾我的阻挡，一转眼点了一大堆的菜，当然首先就是那只烤鸭。

腾出空来观察周边的环境，偌大的一间餐厅，远远靠窗处还有三三两两的几桌客人。丈夫说：“蛮好，很清静。”

我说：“不好，太清静，说不定有问题。”

果真，小菜上来，冷菜黏糊糊，热炒温吞吞，服务员无精打采地把盘子扔到桌子上，别转身体就和他的同乡聊起天来了。至于那只鸭子呢？左等右等，只看见一只只鸭子在我们面前端进端出，就是不端到我们的桌子上面，我气急败坏，走上去追问，刚刚还在谈笑风生的服务员一下子横眉竖眼，原来他们忘记了。

鸭子总算吃到了嘴里，那是又干又柴，一点味道也没有。鸭皮和鸭肉猥琐地粘在一起，看不出烤鸭的风范。端过来的鸭汤，清汤寡水上面可怜巴巴地漂着两张菜皮。顿时，脑子里1000只鸭子的美梦荡然无存。最后一击是拿过账单，惊呼：“便宜坊一点也不便宜！什么百年老店，这实在是我吃到过的最难吃的北京烤鸭！”

丈夫调侃："杨兄真是倒了大霉，请你吃顿饭，还要被你大骂。"

在座的一位科技报记者看不下去，大概是为了争回北京烤鸭的面子，特意隔日请我们去一家高端定位的"大董"吃烤鸭。"大董"开业至今最多三十年的历史，我在心里不看好。不料一脚踏进"大董"，氛围完全不一样。先是门前两个金石质感的"大董"大字，加上里面的雕刻、国画、古玩、瓷器等等，让我不禁缩手缩脚起来。据说到这里来吃烤鸭，需要在两三天之前就订位的。

打开菜单，烤鸭的价格有些昂贵，可是加上他们很有"意境"的点心、冷饮和果盘，绝对值得。鸭皮蘸糖入口即化，鸭肉蘸蒜泥香软味醇。绝顶的享受，越吃越有味道，让我完全忘记了一开始的拘谨。

因为多花费了20元人民币，可以自行到烤炉旁边挑选鸭子，其实那些经过腌制打气的鸭子看上去都是一模一样的，20元钱只是为了领略"大董"烤鸭的气派。站在烤炉旁边的栏杆外面，只看到巨大的炉膛当中烈火熊熊，一只只吊在挂钩上的鸭子，就好像是拿破仑的士兵，雄赳赳气昂昂地迈着机械的正步，自动地在我面前转圈子，感觉到自己好像变成阅兵的将军一样。

回到座位上，训练有素的服务生不断过来加水，收盘。一不小心打破了个汤匙，领班也到跟前来赔不是。桌子上还有一本印刷精美的小册子，专门介绍烤鸭的吃法。一切都在规范的运行当中，让人挑不出毛病。我感到舒适，却不能放松。想来想去应该是满意的，只是想不出来好像缺少了什么。

“不要鸡蛋里挑骨头啦，这只烤鸭已经到了十全十美的境地，人家老板原本就是烤鸭的主厨，对烤鸭有着独特的情怀，所以才会钻研出如此成功的烤鸭。”丈夫说。

我笑了笑，没有回答。离开北京之前，我还是执意去了一次“全聚德”，这天是周末，打电话过去说是没有订位这一说，先到先用餐。因为住在清华大学附近，当然是在傍晚时分步行到清华园的“全聚德”分店。老远看见广场上有人坐在那里纳凉，摇着扇子，嗑着瓜子，非常温馨的场面。到了近处才知道，这些都是排队吃烤鸭的客人，我立马加入他们的队伍当中。

很快又有服务员过来招呼，一边安抚大家耐心等待，还准备了免费的茶水，同时拿出登记本，预先记下需要的烤鸭数量。一开始我们两人预订半只烤鸭，可是坐到位子上的时候食欲大开，除了增加到一只烤鸭，又要了鸭蹼、鸭肝和其他小菜。

一只油光发亮的烤鸭推上来了，年轻的片鸭师傅娴熟地在我们面前把整只烤鸭分别片到盘子里，又一一讲解不同部位的不同吃法。这是真正的烤鸭，好吃到了极致！我看见拿下去煮汤的鸭架剔得非常干净，鸭汤端上来的时候却浓厚馥郁，喝一口，鲜美一直沁到骨子里。眼睛一眨，滚烫的鸭汤就被我们喝光了。

“我去帮你们续一碗。”一个快手快脚的小姑娘跑过来，一边说一边就把空碗拿了下去，很快又小心翼翼地捧着一满碗的鸭汤回来了。看上去小姑娘只是一个普通的服务员，好像也不是北京人，但是她却对“全聚德”的业务极其熟悉，很有主人翁的姿态。她不断地为顾客们拿这拿那，问及鸭汤的细节，她说：“一锅汤最少也有三十只鸭架呢，多喝一点啊，我也非常喜欢。”

几句话就把人与人之间的距离拉近了，也可以看得出来她对这份工作的爱惜和敬重。立刻，我的心底里升起一股亲情的味道。好像很久都没有听到这一类的话语了，不知道是不是因为现代人生活的压力太大，使人的本性变得冷漠，好像对什么都没有了兴趣，包括我自己也是一样。

我一边喝汤一边想：回去一定告诉田浩江，我找到了他的秘籍，就是这个味道。我找到了那份“缺少”，也就是我要寻找的老味道。

2015 年初秋
写于美国圣地亚哥太平洋花园公寓

钵扎

圣诞节的前夕，映然从北京给我寄来了奥尔罕·帕慕克（Orhan Pamuk）的长篇小说《我脑袋里的怪东西》，她说她很喜欢。我翻了翻，五百多页，包括四页人物索引，六页大事记，有一点高深，可是要比英文版短了很多，于是开始阅读。当时我正在美国南部的佐治亚州，那里12月的气温还有20多摄氏度，有点怡人。我是坐在Savanna市中心的方形花园里的长凳上开始阅读的，左边来了一对步履蹒跚的老夫妇，他们坐下来休息，右边坐着一个穿着夏装的女孩子，正有滋有味地盯着手机。

我坐在他们的中间开始读书。读一个得过诺贝尔文学奖的土耳其作家的小说。奇怪了，一讲到土耳其，我的脑子里就会出现很多奇奇怪怪的场面，这是一个横跨欧亚两洲的国家，我想那里一定有很多的混血儿，猜想那里一定有很多精彩的故事。

还记得几年以前阅读过这位作家的小说《白色城堡》，讲的是一个年轻的威尼斯学者被俘虏到伊斯坦布尔，成为土耳其人霍加的奴隶。后来这两个人竟然对换了身份，威尼斯人变成了土耳其人，土耳其人变成了威尼斯人。那里面的多数故事我都忘记了，只是不能忘记土耳其人对西方的向往。这种交换位置的故事从莎士比亚开始就有，并不新颖，但这本书却陈述了很多不能言语的真实。这就是帕慕克的本事了，同时也让我这个笨人读他的作品倍感辛苦。

因此我已经准备好了，我要用功地阅读这本《我脑袋里的怪东西》。其实不用准备，因为帕慕克好像还有一个本事，那就是他不去运用复杂的词汇，却让读者很简单地纠缠到他的故事里面。我一连好几天都坐在Savanna市中心的方形花园里的长凳上阅读这本“怪东西”，好像被其中的“怪东西”点了穴。左边的老夫妇每天都会过来，右边的女孩子换了又换。这些我都没有注意，甚至连作者专心摘录的名人语录都快速地翻阅过去，让我用心用肺不能摆脱的只有两个字：“钵扎”。

这是在小说开始的第一行就出现的，一直到小说的最后，作者极其精致地撰写了主人公麦夫鲁特挑着钵扎，上街叫卖的情景。这是一个讲述钵扎小贩麦夫鲁特的人生、冒险、幻想和他的朋友们的故事，同时也是一幅通过众人视角描绘的1969—2012年间伊斯坦布尔生活的画卷。

最后，麦夫鲁特的“钵 —— 扎”夹在一个大大的破折号的两边，就好像他自己，就好像伊斯坦布尔，就好像土耳其，就好像被博斯普鲁斯海峡大桥连接起来的欧亚两大洲。读到这里我深感疲惫不堪。

这个叫麦夫鲁特的人好像非常投入，甚至享受，不，不是享受，他已经精疲力尽了，可仍旧努力地在大街上一步一步地走。这是一个从离开伊斯坦布尔十多个小时车程的地方走出来的乡下人，1968年小学毕业，十二岁离开农村，以后就在大城市里，先是跟随着爸爸，后来又是独自一个人贩卖钵扎。我在这里用了“贩卖”两字，因为我以为这实在不是一个有执照的正式的职业，后来又一想，也不知道这种职业在那个国家里需不需要执照。但就是这个“贩卖”，支撑了他的成长，支持了他的家庭，甚至他的人生。

他是在黑暗当中，用一根木头扁担挑着沉重的钵扎，一路走一路喊。他很熟悉伊斯坦布尔的大街小巷，甚至那里的住户。就这样，他一直在叫卖。尽管这期间他干过其他营生，可是在黑暗降临的时候，他又挑起了他的扁担，出门叫喊了。当然在一开始是生活所迫，但是后来呢？会有很多出路，但他仍旧在叫卖钵扎。是习惯了？还是喜好？他曾经被野狗追赶，也被强盗抢劫。他说过不再卖钵扎了，可是他又开始叫卖，他没有办法离开钵扎。

渐渐地麦夫鲁特的叫卖声被彻夜不休的电视噪音淹没。“街上穿着灰蒙蒙衣服的沉默和沮丧的人们离开了，取而代之的是一群聒噪、活跃、自负的人。每天都经历着其中的一点点变化”，作者没有让麦夫鲁特明显地发现这些巨变的程度，也没有让他像其他一些人那样因为伊斯坦布尔的变化而感到一丝悲哀，而是一点一点地让读者和这个小贩一起去适应这些巨变，最初和他一起经营这个行当的亲戚朋友都离开了这个不会发财的行业，另起炉灶，渐渐地一个个财大气粗起来。只有他还在做这个被人看不起的行当，叫卖钵扎。

钵扎究竟是什么东西啊？作者好像也意识到了这个问题，他在小说开始不久就说了：估计在二三十年后，人们可能会遗憾地忘记它。小说中又解释说：钵扎是一种用小米发酵制成的传统饮料，据说这种浓稠的饮料气味香郁、呈深黄色、微含酒精（有解释说酒精度是3度，可是卖钵扎的绝对不予承认）。

我想起了上海的酒酿，那是童年的时候，在我好婆房间里睡午觉，梦中听到弄堂里有人在叫卖酒酿，好婆下楼，不一会儿，我们几个小孩子起床，欢天喜地围到底楼灶头间的方桌旁边，一勺一勺地吃刚刚从挑子上买进来的酒酿。那是纯正的甜，没有香精和糖精，吃下去眼目清凉。母亲回来了，好婆让宁波来的女佣把酒酿煮开，打个鸡蛋进去，好吃！至今难忘。

可是钵扎和酒酿不一样，好像在温暖的环境里会快速泛酸变质，酒酿可以放一天？不过还没有到第二天就都被我们吃光了。而钵扎，在奥斯曼帝国时期的伊斯坦布尔，店家只有在冬季出售。后来共和国成立了，伊斯坦布尔的钵扎店在德国啤酒店的冲击下全都关门歇业了。

只有像麦夫鲁特这样的小贩，在街头挑着担子，叫卖这种传统的饮料。到了冬天的夜晚，在那些铺着鹅卵石的贫穷、破败的街道上，钵扎便成为这些小贩的营生。

在小说里，喜欢钵扎的土耳其人还真不少，总是在夜晚黑暗中的老街上，在一些陈旧的公寓房子旁边，买钵扎的篮子就像一个天使一样从天而降。这是一个底下拴着一个小铃铛的草篮子，里面有现钱和写着购买要求的纸条，竟然常常还会出现赊账的客户。然而无论是付现钱还是赊账，麦夫鲁特都会把钵扎稳妥地放进草篮子，撒入肉桂粉和鹰嘴豆，然后摇响草篮下的铃铛。接下去"便享受地看着草篮被拽着渐渐升高。有时，篮子会在风中来回摇摆，剐碰到窗户、树杈、电线、电话线、楼间的晾衣绳，篮子下面就发出和谐悦耳的铃铛声"。

这就是当年的伊斯坦布尔，伊斯坦布尔的生活和市景。那里小马路上的肮脏、杂乱，有一点像我小时候的上海。可这一切都是美妙的，亲切的，甚至连同那时候的上海，早上会有洗刷马桶嘈杂的声音，都是我思念的。然而这一切都到哪里去了呢？

真要命，这个钵扎让我想起来很多遥远的东西，无法放开。我想起了早上后门口阿福老头在扫弄堂，接着是磨剪刀的、箍碗的、爆炒米花的、卖毛栗子的等等。整条弄堂忙得一塌糊涂，可是这一切都没有了，老家花园外面的竹篱笆变成了脏兮兮的灰色水泥墙，小弄堂变成了大马路，我沮丧。

抬起头来看了看左边的老夫妇，我想问问他们有没有过去了的，一想起来就感动的、忧伤的，不能丢弃的东西？我发现他们正在讨论感恩节要送给孙子们的礼物。右边的女孩子没有看手机，而是和一个男孩子在接吻……

钵扎，钵扎在哪里啊？我站了起来，一步一步走进黑暗当中。这时已经很晚了，路上几乎没有行人，一种既孤独又陌生的感觉包围了我。我想起来了，Savanna是南北战争以后留下来的极少的老城之一，周边都是珍贵的古老建筑，很少现代化的高楼大厦，应该可以有草篮子从小窗子里降落下来。我这是做梦了，糊涂了，Savanna有她自己的历史，在我看来既高傲又遥远。

顺着中央大道，徒步来到“Pink House”，丈夫和儿子已经点好了菜在等我。靠着巨大的窗户坐了下来，看着一个熟练的服务小生端上来一大盘新鲜的牡蛎，我说：

“我要钵扎。”

我要钵扎，回到美国东部的华盛顿，第一件事情就是寻找钵扎。看见一家阿拉伯风格的咖啡店，一脚踏进去询问，里面的服务员好像听到的是笑话，他大声讥笑着招呼他的同伙说：“这个人要找钵扎啊，谁还会有钵扎？”

又一家阿拉伯餐馆，我小心翼翼地吐出“钵扎”两个字，那里的人竟然凶狠起来，一边说：“没有！没有！”一边把玻璃大门在我的鼻子前面关上。

儿子说：“大概是因为宗教不同，千万小心。”这才想起来《我脑袋里的怪东西》这本书，讲到过不同的信仰，甚至还有莫斯科派和毛派。

钵扎在哪里？我还是要找钵扎。我开始打电话询问，得到的回答都是“没有”，“没有”，“没有”。

我不甘心找不到，我好像中邪了，放不开钵扎。通过熟识的熟识的再熟识的一个人，终于找到一个土耳其老乡，他起劲起来，帮我从美国的东部到西部打听了一大圈，最后不得不叹了口气说：“在美国找不到钵扎。”

后来他又写信回老家询问，得到的回答是：“没有那种冬天里在街上叫卖的最正宗的钵扎了。只有灌装在塑料瓶里出售的钵扎，但那是不一样的，好像罐装的饮料，经过机器制造的，不是手工做的。”

我无语。想起来在小说里作者专门把主角安在一个卖钵扎的小贩身上，这是很要紧的一件事情，这个小贩走街串巷带出来了很多故事，左派、右派，还有一位银发老者常常出来谈话。这些人都喝钵扎，就是在土耳其最混乱的时候，人们也要喝钵扎。这些喝钵扎的人，有的发财了，有的当官了，只有小贩麦夫鲁特还在卖钵扎。在他叫卖钵扎的时候，感觉到实在是对自己的呼喊。

钵扎到底是什么？这好像已经不仅仅是伊斯兰的东西，也是他们祖先家传留下的东西，这种祖先的留下来的古老的东西都是神圣的。就好像作者说的《古兰经》："只有很少人会念诵《古兰经》，可是在偌大的伊斯坦布尔，依然在任何时候都有人会诵经，千百万人幻想着他念诵的《古兰经》，感觉自己很好。”

这就是作者想要人们记住的“钵扎”，因为这是祖先留下的饮品，卖钵扎的叫卖声让人们想到了这一点，就好了。摘录小说里的一段话："今晚喝了酒，其实本不想买钵扎，麦夫鲁特，但是你的声音太感人、太忧伤了，我们没忍住。”

作者想让大家知道，把钵扎卖出去的正是小贩的叫卖声，这实在是一件神圣的事情。小贩麦夫鲁特不是一个大人物，也没有远大的理想和目标，但是他的一生实在是有意思的，最后也搬进了大房子，对于钵扎，他说了：“我会永远卖下去的。”

就好像我们每一个人，都有自己追求的钵扎。

2015 年 12 月

写于美国费城近郊 Swarthmore 的家

啤酒

认识啤酒，是从丈夫和我谈恋爱开始的。那时候在上海，啤酒非常紧俏，偶尔斜对面的“永隆”食品店来了一辆大卡车，上面搬下几十箱的“青岛啤酒”，那就是不得了的大事情。丈夫会立马把我抛到脑后，三脚两步地跑到家里，用一只竹子编成的小菜篮，盛满早先辛苦积存的啤酒瓶，然后飞一般地跑出去排队抢购。抢购到了一篮子，这是最开心的了，好像过节一样。有时候晚了一步，白跑一趟，那是讲不出的懊恼，甚至哭丧着面孔好几天。

有一次我不小心一脚踢破了一只啤酒瓶，他沮丧得抓头发，因为那时候买啤酒除了钞票以外，还要有啤酒瓶去换才可以买到，没有啤酒瓶就不能买啤酒。所以我家门后的角落里，总是堆满了啤酒瓶。有时候很久没有来啤酒了，那些瓶子积满了污垢，现在回想起来，很是温馨。

再想想有些想不通了，为什么那时候的啤酒会这么紧俏？是不是因为缺少粮食？但是又一想，真想不出来那时候有什么东西不紧俏的呢。这就是那个年代的故事了，而且在我的记忆里，我认识的好像只有青岛啤酒。我一直以为中国只有一种啤酒：那就是一支可以装一斤酱油的绿瓶子，上面贴着“青岛啤酒”的标签。不好喝，一股骚乎乎的味道，有人称之为“马尿”。

后来移民到了美国，回国省亲的时候发现中国啤酒越来越多了。几年前在成都，大热天到达宾馆，丈夫刚刚坐定就直呼：“来瓶青岛啤酒！”

服务员走到跟前说：“要不要试一试青岛原浆啤酒？”

没有听过，我抬头看了看丈夫一头雾水的样子，暗地里发笑，难怪现在的中国人讥笑我们“土气”了。于是抢先回答：“好吧，来一瓶。”

不料，端出来的是一只包裹严实的铁罐头，沉甸甸的。打开喝一口，哇！味道醇香厚实，色呈琥珀，好喝至极。丈夫立刻说:“青岛啤酒变成这样了，中国人有福啦！再来一瓶！”

我笑出声来:“你不看看价格，这叫原浆，比一般的啤酒贵出好几倍。啊哟，啤酒瓶还可以拿出去退钱，几十元呢！”

丈夫没有答话，只是一个劲地说:“青岛啤酒好喝，好喝。”

这就是我的丈夫，在国外喝过了各种各样的啤酒，可是一回到中国，仍旧是“青岛啤酒”好喝。

回想起来当年移居美国的第一站——科罗拉多，是美国啤酒 Coors 的起源地。那时候 Coors 正兴旺，扩张到在全美国 50 个州都可以买到这种啤酒。科州的老百姓为此骄傲，很多人喝这种啤酒，就好像中国人喝青岛啤酒一样。我还去参观了 Coors 啤酒厂，只记得里面很大很干净，机械化程度很高，工人不多，劳动很轻松，只要按按开关就可以了，我很羡慕。参观是免费的，还有免费的啤酒喝。我喝了，第一次感觉到啤酒是好喝的，很清爽，让人眼目清凉。这以后每到要选择啤酒的时候，我就会像丈夫选青岛啤酒一样，大声选择 Coors。我以为，这是最好喝的啤酒了。

我家的两个男人，丈夫和儿子，都是喝酒老手。后来儿子比丈夫更厉害，我喝啤酒第一次喝醉就是被儿子“灌醉”的。那时候他在牛津读博士，习惯了欧洲人喝酒的方式，常常是在酒吧间，大家站在一起，一只手握着酒杯，一只手抓着土豆片就开喝了。我不习惯，我说：“起码要坐下来，吃个小菜。”

儿子说：“不用，你试试这个，会喜欢的。”

我从儿子手上接过一个高高的大杯子，满满一杯粉红色的饮料，张开嘴喝了一口，啊？这是什么？怎么这么好喝？有股草莓的水果味，但是比草莓醇厚，还有一股淡淡的甜味，我喝了一口又一口，没有办法停下来，很快就把这一大杯饮料通通喝光。紧接着我就大笑起来，把手里的东西都丢了出去……

我喝醉了，这是草莓啤酒。后来我在台湾喝过许多水果啤酒，有荔枝的、芒果的，都好喝。可是儿子说：“那不是纯啤酒了，水果的味道冲淡了啤酒的本味。”

我不理他，因为我喜欢这种啤酒。之后儿子到圣地亚哥工作，我去看他。奇怪了，这里怎么会有那么多的啤酒厂、啤酒坊、啤酒吧？我跟在儿子后面，几乎走遍了那里大大小小所有和啤酒有关系的地方，这让我第一次知道了，啤酒原来会有那么多的种类，那么多不同的味道。有的比较清，有的比较浑，也有苦味，也有酸味，还有咖啡味的、巧克力味的、松子味的、水果味的等等，每一家酒厂酿造的都不一样，会有他们自己的特色。圣地亚哥简直是啤酒爱好者的天堂。在那里，我最喜欢的是 O'brien's 酒吧。

这家酒吧不在市中心，而是坐落在康维街（Convoy Street）4646 号。车子开过去的时候有点乱哄哄的，里面的人很多。坐下来发现，在这里喝啤酒的多数是资深的酒客，他们常常会在那里一坐就是大半天，仔细地品尝，发表见解，让我这个不懂啤酒的人很长知识。后来得知这家酒吧的老板是耶鲁大学毕业的，这个常青藤的高材生一心一意专注在啤酒上，几十年不断地寻找各种不同品牌的啤酒。坐在他的酒吧里，特别是累了的时候，花 15 到 20 美元，就有 6 小玻璃杯各种特色啤酒，看看电视，玩玩游戏，很享受。喜欢喝啤酒的朋友到了那里，一定会有一种老鼠掉进米缸的感觉。

几年以后儿子调动到华盛顿工作，我和他一起开车横跨了美国。半途路过老家科罗拉多，我问他要不要到 Coors 看一看。儿子说他已经准备好到博尔德（Boulder）郊外的 Avery Brewing 啤酒厂去参观。原来，在美国啤酒也是有比赛和评比的，过去都是圣地亚哥的啤酒独占鳌头，最近科罗拉多再次兴起，丹佛和博尔德抢到了前列。我觉得奇怪，为什么不是 Coors？儿子说："人们对啤酒的要求也是不断变化的，现在受欢迎的不是大工厂大批量生产的啤酒了，而是小型的、个体的、有个性的啤酒，Avery Brewing 是我们在科罗拉多的时候就开始经营了的，只是那时候还不成熟，但是他们不断开发进步，现在已经非常出色了。"

听了这些话，不得不佩服这些小公司，在美国很有些倔头倔脑的人，为了自己的追求，常常把自己摔打到头破血流甚至彻底失败，但是只要有一线的希望，又会继续。Avery Brewing 就是众多的小公司里的一家，只是不断地努力学习和改进，现在成功了，最近好像进入前三名。

这天秋高气爽，这在科州不稀奇，那里几乎每天都是晴空万里。但是在我们开车过去的时候发现，这家啤酒公司在 Nautilus，离博尔德市还有一段距离，我简直怀疑开错了道路。正想回头的时候，突然看见旷野当中的啤酒作坊，作坊不算小，只是被更大的停车场包围。

作坊上午 11 点钟开门，我们来早了，排在最前面。走进一幢新颖的大房子，上了二楼，发现里面是巨大的啤酒吧。这是德国人新近帮忙设计建造的，很时尚。刚刚坐下，就有好客的服务生过来介绍，并且非常老练地推荐了他们不同特色的啤酒。我和儿子立马面对面地坐在那里，一杯一杯地开喝起来。第一口喝到嘴里，我就惊呆了，怪不得是得奖的啤酒，有一种深远的醇香：橘香？好像还有一种没有办法形容的西点的香料，有一定的厚度，回味无穷。假如喜欢啤酒的游客到科罗拉多，一定要到那里去啊！他们有三十多种不同的啤酒，虽然交通不便，但是值得！

我们在那里逗留了大半天，临别的时候又到前面的礼品部购买他们得奖的啤酒。奇怪了，这里外卖限购，有的品种只能买两瓶，价格也不便宜，忘记了是 15 还是 20 美元一瓶。但是后来回到美国东部，同样品牌竟然

60 美元。于是大呼后悔，后悔当初应该和儿子分开排队，多买两瓶的。

离开了 Avery Brewing，我宣布，这里的啤酒是我最喜欢的了。但是儿子说，他还要去试一下科州评比出来的第一名的啤酒。那就是丹佛的 Great Divive，察看地图，坐落在丹佛市第 35 大街。

脑子里一直萦绕着博尔德的 Avery Brewing 的气派，在丹佛市区旧街的角落，看到 Great Divive 的大门，立刻泄气。怎么会这么破旧，一点第一名的派头也没有？儿子已经先行进入，我则一个人坐在外面街道旁边的小桌边东张西望。丹佛是我当年刚到美国的时候，第一个拼命找饭吃的地方。那时候从早到晚都在这里奔波，不会关注消遣休闲的地方，不知不觉当中消磨了自己的人生，现在回想真有些感慨。

儿子在里面叫我的时候，我看到他面前已经摆满了啤酒。遗憾的是今天他们没有得奖的品牌，所以价格不贵，都在 10 美元之内。我喝了一口，明显没有 Avery Brewing 惊艳，但也是好喝。大概是为了弥补我们没有喝到他们最好的啤酒，站在吧台后面的服务生特别送给我们一款开瓶器，虽然小，但是精致漂亮，很好用。后来回到美国东部，用这只开瓶器打开从Great Divive带回来的啤酒，很有味道，特别是和街上买回来的啤酒相比，绝对好喝许多。

过去，我最不能理解的是丈夫为了买啤酒存积啤酒瓶、排队抢购的腔调。这种苦兮兮酸溜溜的东西有什么好喝？现在闯荡世界大半圈，有时候累了、沮丧了、轻松了、开心了，甚至什么理由都没有，就是坐着、站着，呆在那里放空，举起一瓶自己喜欢的、优质的啤酒，喝一口到嘴里，立刻就好像在面前打开了一个百宝箱，里面有许多神奇的小盒子，打开小盒子，那是各种各样的味道，有花香、水果香、松林的香和干果的香等等。哦，还有各种各样的颜色，通通沁入心脾。一时间人生的酸甜苦辣，回味无尽……

这就是啤酒。

2016年3月

写于美国华盛顿近郊的Bethesda电池街

喝茶

喝茶好像是我们中国人的专利，几乎家家户户都喝茶，而且都有自己的特别的喜好。我父亲喜欢花茶，我母亲喜欢龙井，姐姐因为是父亲的最爱，所以她坚决地喜欢花茶，按照这个道理，我应该喜欢龙井，但是不知道是哪里出错，我的喜好却和我的婆婆相似，我们喜欢的是红茶，或者是除了龙井和花茶以外的“重茶”。

对不起，这个“重茶”是我发明的词汇。我以为龙井太轻太精细，需要静心静气地坐在安逸的后花园或者是高档的茶室里，悠闲地品尝。不来事，我是一个急性子，还没有喝到当中的真谛，老早就坐不住站起来了。花茶的味道太复杂，特别是其中淡淡的香气，常常让我稀里糊涂，不懂欣赏，浪费了。而我说的“重茶”，那是单一、直接、浓厚，一口喝下去，沁人心脾，无论是解渴解暑解寒解困，甚至解烦躁都极顺。只是随着年龄的增长，睡眠出了毛病，不敢多喝。

因为不敢多喝，开始寻找“重茶”里的清茶，有时候坐在电脑前面打字，丈夫递上来一个精致的小茶杯，有时是紫砂的，有时是陶器的。喝一口：“什么茶？好喝，可惜杯子太小，再来一杯……”

丈夫笑道：“喂，忘记啦？《红楼梦》里说过‘一杯为品，二杯即是解渴的蠢物，三杯便是饮牛饮骡了’，你要喝几杯啊？”

“我就算是牛是骡好了，猪猡也可以，反正这种小杯子不是我的料，我喜欢大杯子，又解渴，又不浪费。”从此，不论在何时何地，丈夫为了讥笑我，总是给我要一个大杯子。后来我干脆给自己买了一个大杯子，出门在外，随身携带。

这时候我发现，我开始喜欢介于红茶和绿茶之间的半发酵的茶了。其中有铁观音、大红袍以及台湾的包种茶和乌龙茶等。有时候得到一小包好茶，泡上一大杯，坐在写字桌前，看看窗外的街景，享受。

2015年夏天，丈夫带了十多个美国大学生，到东方去寻茶。第一站要到杭州，“上有天堂，下有苏杭”，我当然不能错过，立刻跟了过去。在浙江大学住定下来，先是到茶文化博物馆去参观，虽然依山傍水，但是在郊外，很远，1990年以后才建立的，历史不久，我有些不想去。只是帮我们开车的王师傅极其热情，他说：“机会难得，我把你送到博物馆的大门口，用不着走路，你一定到了那里就不想离开了。”

看着他好像一副要把我拖上去的腔势，不好意思了，只好随着大家前往。不料还没有到大门口就吓了一跳，怎么会在碧绿青翠的梯田当中撞出来这么一群新型的民俗建筑？粉墙黛瓦，整洁明亮。一个干干净净的小姑娘顺着台阶快步地小跑下来，到了跟前才知道，她就是这里的负责人，已经有一个读高中的儿子了。看样子这里真是一个养人的好地方，环境好空气好，人也会变得年轻了。

这天漫游在这依山傍水的地方，里面有精心设计的各个厅堂，特别让我震惊的是他们竟然有良渚文化灰陶双鼻壶、春秋原始瓷弦纹碗等等，绝对历史悠久。还有一个当年的“插兄”（对当年“上山下乡”插队的人的戏称）展现了他几十年精心收集的紫砂茶具，都是好货。

这天到了最后，是辛苦踏过了上百步的青石板的山道，累到坐在山顶的茶室，一动也不想动。结果观看了他们的表演、喝了他们的茶，我只想说:“我真的不想离开了！”

他们的茶非常昂贵，一开始以为是表演的茶，所以这么贵，后来下楼购买，价格吓人，还不肯出售，好说歹说，才购得两小盒。里面有3克西湖龙井、3克茉莉花茶、3克白毫银针、3克正山小种、5克武夷岩茶、5克云南普洱。这就是当日我们在茶室里喝过的茶了，价格虽然贵，但是好茶。每喝一口眼目清凉，而且不同的茶明显会有不同的滋味。带到美国舍不得喝，珍藏很久，专门在一个风和日丽的早晨，打开那只“爱茶爱生活”的小盒子，一杯一杯地品尝。竟然大半年过去了，没有变味，仍然好喝。丈夫说:“贵是贵，但是值。”

其实，这还不是我买过的最贵的茶，最贵的茶是在苏州东山的一家茶场。这天非常热，又有小咬。学生们上山采茶，我在山脚抬头张望，只看到头顶上密密麻麻层层叠叠的大树遮天，担心那些孩子钻进去会闷煞、热煞，大声呼叫快点下来，听不见回应。正焦虑，这群小美国人欢天喜地跳下山来，嘴里还塞满了枇杷。原来这里是碧螺春的家，这里的茶农把茶树种在枇杷树下面，果实的香味落在茶树上面，和茶叶融合，完全是天然。从这天开始，我喜欢上了碧螺春。

离开了天堂般的苏杭，我便随着这群小美国人前往台湾，这时候学生们的行李已经鼓鼓囊囊的了，因为每一个人箱子里都填满了茶叶，猜想他们钱包扁了许多，不会再有大量购买。不料台湾的茶世界有另外一番天地，他们的茶庄茶室让人流连忘返，我们几乎天天泡在那里。

在台北喝茶喝到许多茶室的老板都变成了熟人，后来在口袋里还有几文小币的时候，我们赶紧按计划上了猫空。上猫空可以乘坐缆车，这缆车的路线超长，有四个大站，到了那里还要爬山，有些地方坡陡，我眼尖，第一个跳上公交车。于是一路欣赏山清水秀、绿树林荫，还有一股朴实的山间灵气。据说在这个山头上，开设了五六十家茶寮，倒也不拥挤，茶客们自会找到座位。不过最有名的是阿义师的大茶壶茶餐厅，我没有去过。

我去的是一家台大介绍的茶馆，到了早先约定的地方，老远就听到有敲鼓的声响，这是壮实的老板在欢迎我们。踏上狭窄的山地，上到他的茶馆，有点乡村的感觉。桌椅板凳都是粗木头制作的，烧水的炉子也是泥巴糊出来的，水壶很大，有点像我好婆家的铜吊。坐在敦实的板凳上，屁股有点疼痛，桌子上还有小虫子在爬，担心那些美国大学生接受不了。结果他们兴致勃勃，倒是能吃苦。

正在欣赏这里的中规中矩，朴实无华，老板端出来一盘自己设计的茶杯。这种茶杯有一片小小的花瓣挡在一边，喝茶的时候茶叶就不会流到嘴巴里。这倒很适合外国人，他们不喜欢吃到茶叶，所以常常用茶包。只是这茶杯的样式很粗糙，不过这里的茶叶也粗糙，看上去远远没有苏杭的碧绿春、龙井漂亮，我不欣赏。于是一个人坐在这个林荫苍翠、虫鸣鸟啭的山顶，眺望自然美景，还是很放松。

不过那些美国学生倒是喜欢，喝了一杯又一杯，过了午饭的时间还不愿意离开。好在老板好客，不停地给大家冲茶。他介绍说他的茶叶也是自己独家调配的，有两种，一种叫阳光茶，一种叫月光茶。我看了看好像差不多，原本不想购买，后来因为学生们都买了，我也就随缘买了两包。价格不菲，我说上当了，丈夫说，人家手工辛辛苦苦做出来，量小，当然不会便宜。

回到美国以后，随便把茶叶丢在儿子的住处，有一天，我在家，坐在电脑旁边，儿子打电话过来说："你放在我厨房里的是什么茶叶啊？怎么这么好喝？味道浓厚郁香。我喜欢！"

我大吃一惊，因为儿子是个非常挑剔的人，很少会说"喜欢"这两个字。于是周末长途赶到他的家里，认认真真地泡茶，品尝。真的是有味道，而且"阳光"和"月光"极不同，前者辽阔，后者细腻。可惜买得太少，很快就喝完了，以后去猫空一定不能忘记购买。

台湾的茶除了茶叶特色以外，茶具也非常讲究，这让我想不通，大陆资源雄厚，能人辈出，应该有优势。可是台湾的茶具真的比较兴旺，无论是本地人还是外来的旅游者，都会到他们的茶具店选购。台大的教授说要陪我们去"莺歌"，又是一个遥远的地方，要坐火车。想了想只好在前一天早早休息，第二天起了个大早。为了节省时间，在火车站买了一个"便当"。我发现在台湾吃这种“便当”的人很多，销售的店家也很多，不难吃，也干净，真的很便当。

坐上火车一边吃一边看街景，不一会儿就到了。这里怎么这么热闹？还有一条陶土街，学生们走得很快，我一个人落在后面东张西望，只看到周边的店铺鳞次栉比，大大小小的茶具、陶艺琳琅满目，真是看也看不过来。还有一家陶作坊的专卖店，走进去发现那些学生都黏在这里。陶作坊的作品是台湾顶级的茶具品牌，非常精致，从来没有看到降价，但是在这里怎么会有半价？原来这是陶作坊唯一出售次品的地方，有些次品根本看不出来，所以大家都在精心挑选。不一会儿每一个人都抱出来一件陶器，我也购买了三只茶杯。

这天我发现，台湾除了紫砂之外，还兴起了一种叫老岩泥的茶具，后来回到台北，在圆山饭店的陶作坊购买了老岩泥茶壶。虽然昂贵，但是做工精细，没有一点瑕疵，为了这只茶壶，我开始用小杯喝茶。

还记得那天最后走在莺歌朴拙的台硌路上，我突然想起了我好婆弄堂里的台硌路，我已经快要忘记这条和我息息相关的台硌路了，现在想起来了，对了，我还想起好婆最依赖的一款茶，那就是：午时茶。

现在不会有人喝午时茶了吧，那是一种“古早的”中草药，治疗头痛感冒的。但是我的好婆把午时茶当成万能的了，连脚痛也要喝午时茶，后来想想似乎也有效，只是现在没有这种了。这么一想，我们真是要珍惜现有的一切，在它们消失之前好好地享用。

2016年春天

写于美国华盛顿近郊的Bethesda电池街

吃醋

“吃醋”这两个词在我离开中国之前很少用，那时候的人就算是真的喜欢吃醋，也不会在大庭广众下宣扬，好像有点讥笑？自嘲？总之是贬义。可是西方人不一样，他们不仅不会隐瞒自己吃醋的爱好，而且还会大张旗鼓地“起醋”。我这里说的吃醋是吃真正的醋，特别是在当今追求健康的年代，一家人踏进餐馆，刚刚坐定，还没有来得及点菜，一碟子的橄榄油加醋已经端到面前了。

一开始我还有点不习惯，追过去要求来一份黄油，丈夫讥笑说：“哎，不要出洋相了好不好，现在黄油已经不上台面啦，高级一点餐馆都吃醋！”

渐渐地我也习惯了，变得随和起来，后来甚至喜欢吃醋啦。讲老实话，我实际上是喜欢吃醋的，饺子、馄饨、生煎馒头、小笼包子等，少了醋就好像少了味道，吃不下去。只是中国醋和西方醋不一样，中国醋是用粮食酿造的，西方醋是用水果酿造的，虽然都是“酸”，但是“酸”得很不同。

我生长在上海，记得小时候家里的胖妈会差我到对马路的烟纸店拷醋，拎一只空瓶子就奔过去了。两分人民币，可以拷上一大勺。那醋的颜色黄蜡蜡的，绝对不是中国名醋，直接被称为米醋。回到家里胖妈烧出来一条糖醋鱼，好吃！母亲掌勺就不一样了，她会叮嘱：“拷镇江醋！”我去了，一大勺要五分人民币，比胖妈的醋贵出很多，烧出来的糖醋鱼更加好吃。

母亲得意地问胖妈：“比侬灵光吧？”

胖妈笑道：“那当然，你用的是镇江醋啊，颜色也要深出许多啦。”

于是我懂了镇江醋要比米醋灵光。那时候对马路的烟纸店好像只有米醋和镇江醋，在我的眼里镇江醋的颜色是黑的，味道酸中带甜，比较醇厚。中国醋原本就没有很多花色品种，据说最有名气的是山西老陈醋、镇江香醋、保宁醋、永春老醋。我觉得镇江醋最合我的口味。

到了美国以后，发现中国超市里也有镇江醋，一两元美金一瓶，于是无论烹调还是凉拌甚至蘸料，我总归是首选镇江醋。

有一天，邻居太太约我到费城的意大利商场逛街，她是意大利人，先带我到一家卖起司火腿咸肉的 Claudio's 吃食店挑选她家乡的食物。她说这里的货物都是从意大利运过来的，味道正宗，比外面的超市要好吃很多。我跟在她的背后东张西望，还没有定下神来，抬头就看见柜台里面的木头橱柜上摆满了醋，这些醋瓶子有大有小，有圆，有方，还有菱形的，各式各样，琳琅满目，没有重复。正在惊诧这里醋的品种如此繁多，仔细一看瓶子下面的标价吓了一大跳，最便宜的半磅醋要 10 美元，其中一瓶 250 毫升的醋，竟然要 32.99 美元！

"哦哟，人参啊？怎么这么贵？"

"啊？贵？这是二十五年的醇香醋，其他店里同样品质的醋，都要 100 美元了呢。我们因为在意大利有工场，自己酿造，所以才便宜了许多。这样的价钱，就算回到意大利也找不到的！"

站在柜台里面说话的意大利人，对着我撇了撇嘴，大有鄙视的态度。我被激怒了:“拿过来，就买这一瓶。”

回到家里，把醋放在饭桌上，左看右看有些心疼，这么小小一瓶醋，够我买十几瓶镇江醋了，那是一两年都吃不完的呢。想了想，收进壁橱里，忘记了。

不知道过了多久，丈夫从纽约带回来了一大条意大利面包，儿子说:“好香，要有意大利醋就好了。”

“有啊，有啊！你看看，是不是这个？”我一拍脑袋立刻从壁橱里翻出来这瓶醋。

丈夫一看就说:“咦！我们家还有好东西的呀？”

儿子举起醋瓶子晃了晃说:“很浓稠，像是真的。”说着就找出了上次从意大利带回来的橄榄油，搅和在一起，端在桌子上。我撕了一小条面包，蘸了蘸，啊呀！这绝对不是镇江醋，不是用来烧小菜的醋。这种醋可以直接滴在面包上、沙拉里，有一次在华盛顿白宫旁边的一家高档餐馆，竟然端出来一盘甜点是西瓜上面加醋！一口咬下去，好吃得不知道怎么形容才好。又酸又甜，还有很浓郁的香味，这香不是普通的香，是一种木质的香？花朵的香？总之都是自然的香，一下子充满了嘴巴。最神奇的还有这醋不像一般的醋清汤寡水，而是有一定的黏稠度，好像蜂蜜。

“虽然要30多美元，但是真的不一样，值了。”我说。

儿子说：“30多美元啊？真好，让我看看瓶子上有没有TBV的标签。”

丈夫说：“TBV？不可能，那是被称为高贵醋、侯爵醋的意大利古典芳香醋——Traditional Balsamic Vinegar，是非常昂贵的调味品，最少要上百美元，甚至好几百美元呢。”

儿子笑道：“用不着几百美元啦，这个30多美元对我来说已经是极品了。瓶子上虽然没有TBV，但是‘25年’写得清清楚楚，不会作假。也许这瓶醋没有TBV酿造得那么考究，但是二十五年了，很有历史的沉淀感，真享受。”

这以后，我开始注意意大利醋了，甚至在地下室里尝试制作意大利的醋。那个意大利邻居知道了便说：“不要做梦啦！意大利醋是非常复杂的，特别是TBV，不去讲怎样种植葡萄，然后榨汁、过滤、静置等等，就是最后的发酵，也是非常复杂的。他们在发酵过程中，会不断地把发酵液从这只木桶倒到那只木桶里，这些木桶有栗木、桑木、榉木、樱木等等，让这些发酵液在不同的木桶里吸取不同的木头香气，一年又一年，到了二十五年，醋就会变得非常稠厚。”

无语，一个人会有多少个二十五年？这里面包含的是什么？不仅仅是心血，而且是生命！午后，坐在门口的台阶上，面对着太阳，倾斜手里的醋瓶，里面稠厚的液体在流动：“酿造这瓶醋的人啊，现在还在世上吗？”我心——酸痛。

儿子见了笑道：“喂，不要无病呻吟啦！其实现在很多醋都不是完全靠年数酿造的，而是用新技术。”

“什么新技术？”

“比如说烧制，只要把水分蒸发了，留下来的液体就会稠厚……”

“这是新技术吗？有点骗人了呢！”

“这是技术加工，当然不如消耗自然时间那么精湛，但价钱不会那么昂贵，更多的人可以享受。听说很多也是混合的，把不同时间的醋混合在一起，或者加入不同的味道，也会稠厚，只要不是把化学的东西混进去就好了。”

后来发现，费城的意大利商场开了一家叫作Cardenas Oil & Vinegar Taproom的醋店，里面不同口味的香醋近百种，除了各种水果口味的以外，还有大蒜、迷迭香、百里香、罗勒等，还有些叫不出名字的香料口味。其中一款是辣椒，我拿了一只小杯子，试了试，辣得眼泪鼻涕一起喷出来。也许那些意大利吃醋老手会说这些不是TBV，不正宗，但是对我这个外行来说，吃不出大的不同，味道都是好的，也有蜂蜜的稠厚。价格不会高达30美元以上，但也要18美元左右。我买了蒜味的，以后常买，就好像做菜的时候盯牢了镇江醋一样。

2016年初秋

写于美国东部小城Swarthmore

味道

我的长篇小说《吃饭》里的最后一句话是:“我找到了吃饭，却丢失了味道，这是在我异乡的长梦里常常出现的味道，过去的味道，小时候的味道，我自己的味道……”

这究竟是什么味道？随着时间的推移，地域的隔阂，渐渐地连我自己也错乱起来。这一天坐在横跨美国大陆的美联航商务舱里，不年轻的空姐端上来一大盘精美的食品，安放在面前已经铺上了桌布的小台板上，连我这个最不认同飞机餐的人也食欲大开。张开嘴巴啊呜啊呜一下子就啃光了当中大块的小牛排，眼睛一眨：咦，怎么又有一盘完整的牛排呈现在我的眼前？

“对不起，我看你喜欢牛排，要不要把我这一块也拿过去，不然的话浪费了呢。”说话的是邻座的美国女人。

“你确定不要了吗？”我不是一个善于作假的人，心里想的，两只手一伸就把那块诱人的牛排接了过来。不一会儿，第二块牛排下肚了。这时候我发现这个邻座的女人什么也没有吃，只是拉开了她的拉杆箱，里面竟然扑扑满的是“药”。女人从当中抓出一大把，又一大把，就这么一把一把地塞到了嘴巴里，一直到我把面前的牛排、生菜、水果、点心、果汁等通通吃光，她还在那里一口一仰头，就好像鸡喝水一般地吞咽着她的“药”。

这是我第一次遇到以药代饭的人，这些药里有各种各样的维生素，还有钙片、鱼油，补脑的、补眼的、补心的、补头发的等等，五花八门应有尽有。她告诉我她已经有好几年没有吃“饭”了，更忘记了“饭”还有味道。看着她精瘦的身体，连鼻子也好像是一只无肉的钩子，我被吓到。我很想问她，这样的生活还有没有味道？

味道，还是味道，这对现代人来说，似乎是已经变得遥不可及的东西了，周边的朋友们都在减肥，这不能吃那也不能吃，有吃素的、忌口的甚至节食的，这里面当然不乏吃药的。中国人吃药还有所不同，从我们的老祖宗开始就有传统，翻开《红楼梦》看看，其中的美味

几乎都是两个字 —— 食补，好听许多。但是无论是东方还是西方，最要紧的在于食物都是和“健康”联系在一起的。

我们这些人啊，好像从一落地开始，就在为活下去奔忙。只要是可以活下去，可以长命百岁的方法，都要去试一试。于是出现了打鸡血的、吃蚂蚁的，还有炼丹的……

那么味道呢？味道在哪里？

在一个悠闲的午后，我迈步在法国里昂的一条小街，清静、安详。我已经忘却了我的来路，也不知道我的去路，只是毫无目的地在一条条陌生的小街上漫游。一个打弯，我的两条腿被绊住了，我没有办法继续向前。

我站在街角，一个铺满了石块的台硌路的街角，看见一对老人，古稀之年的老人，正坐在家门口的一张古香古色的铁艺桌子前面，享受着下午茶。茶是褐色的，小小一杯浓郁的红茶，至于点心，不得了，这一定是我最喜欢的，最不健康的，黄油煎炸出来的雪白的面包。我看见那把小刀的切口，还渗着奶油，我咂吧了一下快要流出口水的嘴巴。

这是我小时候的最爱，那时候没有健康的约束，只有物质的匮乏，每一次从母亲手里接过这么一片面包，那是幸福得心也要跳到喉咙口啦。此刻，我好像又回到了那个年代，两只眼睛紧紧盯牢了那两片面包，这面包煎炸得不焦不嫩，正正好。我好像感觉到那面包咀嚼在牙口之间的呱啦松脆的味道。母亲啊，你这是在哪里？我想念那片面包，我的味道！

两位老人还坐在那里，男的西装笔挺，女的长裙拖地，看上去那套银质的刀叉已经有些年头了，但是仍旧擦洗得锃亮。我立定在他们的对面，眼睁睁地注视着他们在镶着金边的盘子里切割着面包。他们切割得非常仔细，小小的一片，手指甲大小，然后叉到沉重的叉子上，慢慢地送到了嘴巴里，闭上嘴巴，细嚼慢咽。这不过是一片面包啊，怎么好像是山珍海味般的享受？

这就是味道！我要寻找的味道。在我的味道里面没有减肥，没有这不能吃那不能吃，没有吃素的、忌口的甚至节食的，有的只是享受，生活的享受。想起来了，好像法国人是最会享受的了，他们的食品常常是最不注意健康的了，煎牛排煎剩下的油都会从锅底铲起来，加上调料倒回到那块排骨上，啊哟，那个鲜美啊，眉毛也要掉下来啦。

再来看一看法国人的体态，远远没有美国人的肥胖，这是什么缘由？那对坐在里昂街角家门口的老人让我懂得，这就是他们对待生活的态度——永远的悠然惬意。他们不会狼吞虎咽地大吃大喝，哪怕是面对一小片面包，也要满怀着郑重，一小刀一小刀地切割下去。夕阳在他们的头顶渐渐西斜，他们还在那里享受他们充满了黄油的一小片面包。

这是享受，不是救火，不是充军，不像这里的美国人，一只大汉堡、一块大比萨，甚至就像我在飞机上，两块大牛排，张开嘴巴啊呜啊呜一下子就啃光。

生命不仅仅只是为了活着，而是为了生活。为此在这里，我记录下来的就是——生命当中最美好的味道。

2014年盛夏

写于上海老家

淮海中路新康花园3号的饭桌上

文
景

Horizon

社科新知　文艺新潮

走一路，吃一路

章小东 著

出 品 人：姚映然
责任编辑：林　莉
装帧设计：安克晨

出　　品：北京世纪文景文化传播有限责任公司
(北京朝阳区东土城路8号林达大厦A座4A　100013)
出版发行：上海世纪出版股份有限公司
印　　刷：北京中科印刷有限公司
制　　版：北京大观世纪文化传媒有限公司

开 本：787×1092mm　1/32
印 张：7.75　　字 数：102,000
2017年3月第1版　　2017年3月第1次印刷
定 价：30.00元
ISBN：978-7-208-14278-7 / I · 1601

图书在版编目（CIP）数据

走一路，吃一路/章小东著. —上海：上海人民出版社，2017
ISBN 978-7-208-14278-7

Ⅰ.①走… Ⅱ.①章… Ⅲ.①饮食-文化-世界
Ⅳ.①TS971

中国版本图书馆CIP数据核字（2017）第005400号